L'EGYPTE ET LA NUBIE,

ET CURIOSITÉS DE CES PAYS

À PARIS

Chez A. EYMERY, Libraire, Rue Mazarine,

et chez GIRAUDON-BOLVINET, Rue Pavée St André.

1823

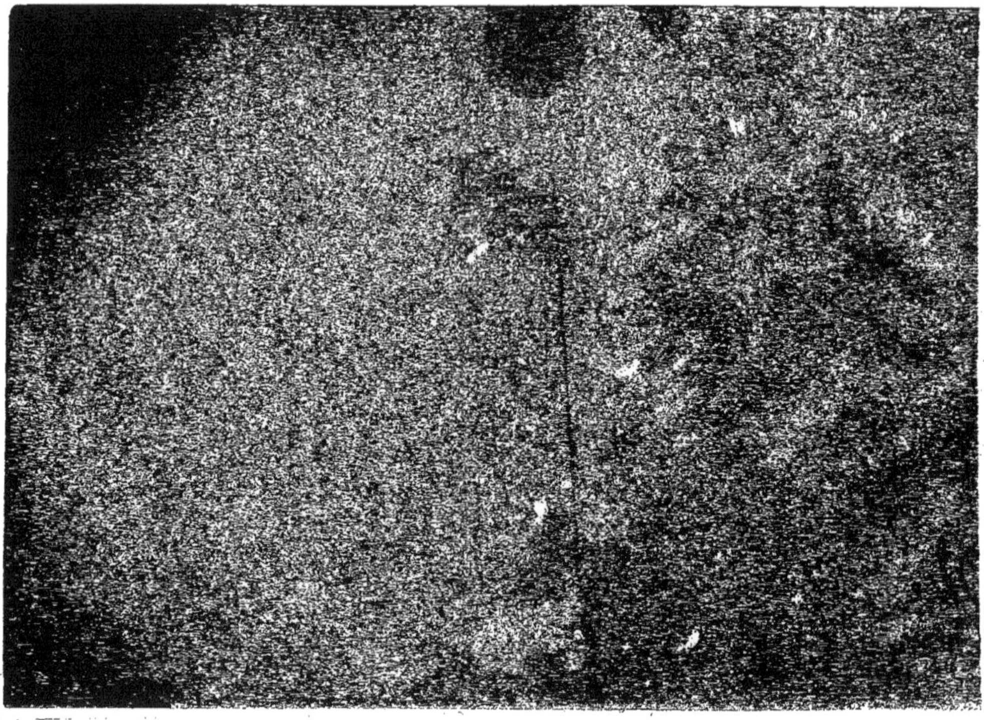

L'ÉGYPTE ET LA NUBIE,

OU

CURIOSITÉS DE CES PAYS.

Ouvrages récemment mis en vente chez le même Libraire :

BONS (les) PETITS ENFANS, ou la cabane dans les bois; ouvrage moral et amusant, par l'auteur de la Bible en estampes. 1 vol. in-8 oblong, orné de jolies gravures, cartonné; prix en noir. 6 f. » c.
Figures coloriées. . . . . 10 »

Les divers tableaux de ce joli ouvrage, au nombre de 16, représentent une infinité de scènes très-intéressantes. La gravure en est soignée.

ÉDUCATION DE LA POUPÉE, ou petits Dialogues instructifs et moraux, à la portée du jeune âge; par l'auteur de *la Conversation d'une petite Fille avec sa Poupée*, in-8. oblong, avec un grand nombre de gravures; prix, en noir . . . . 5 »
Fig. coloriées. . . . . 8 »

ROIS ET REINES DE FRANCE (les) en estampes, ou Abrégé chronologique et historique de chaque règne; par Bescher, bachelier ès-lettres. Ouvrage orné de tous les costumes des Rois et Reines de France, au nombre de 120. 1 vol. in-8° oblong, avec une couverture, élégamment cartonné; Prix, en noir. . . . . 10 »
Avec les costumes soigneusement coloriées. . . . . 15 »
En étui, papier glacé, doré sur tranche. . . . . 18 »

PROSPER, ou le petit Peureux corrigé par des exemples raisonnables et certains, représentés dans une jolie suite de tableaux, avec un texte explicatif composé de contes et historiettes, etc. 1 vol. in-8 oblong, avec une couverture cartonnée élégamment; prix. . . . . . 5 »
Soigneusement colorié. . . . . 8 »

SEPT PÉCHÉS CAPITAUX (les), ou nouveaux contes moraux, à l'usage de l'enfance et de la jeunesse, par Allent, orné de jolis tableaux, dessinés par Martinet et gravés par d'habiles artistes. 1 vol. in-8° oblong, avec couverture, élégamment cartonné, prix, en noir. 6 0
Fig. coloriées. 10 0
En étui, papier glacé, doré sur tranche. 13 0

DE L'IMPRIMERIE DE DAVID, RUE DU POT-DE-FER, N° 14, F. S.-G.

Marche d'une Caravanne.

L'ÉGYPTE & LA NUBIE

ET

Curiosités de ces Pays

Tiré des Voyages de Belzoni

Orné de 28 Jolies Gravures

Bovinet

PARIS

Chez Alexis Eymery, Rue Mazarine, N°. 30.

Giraldon Bovinet, Rue Pavée S. André, N°. 5.

L'ÉGYPTE ET LA NUBIE,

OU

CURIOSITÉS DE CES PAYS,

TIRÉES DU VOYAGE DE BELZONI.

TRADUIT DE L'ANGLAIS PAR M. ***, ET ORNÉ DE JOLIES GRAVURES.

Pour servir à l'Education de la Jeunesse.

PARIS,

A LA LIBRAIRIE D'ÉDUCATION D'ALEXIS EYMERY, RUE MAZARINE, N° 30.

1823.

PRÉFACE.

Lorsque des jeunes gens se trouvent placés au milieu de scènes d'une étendue immense, et entourés d'une variété infinie d'objets, leur curiosité naturelle s'enflamme, et tout ce qui ajoute à leurs connaissances est un nouveau plaisir pour eux. La vérité n'est plus regardée comme incompatible avec l'agrément; et l'on sait, par expérience, que la meilleure méthode de donner des leçons à la jeunesse, c'est de les lui faire aimer par le plaisir qu'elle y trouve.

Animé par ce motif, l'éditeur de ce volume croit rendre un service à l'éducation, en le plaçant dans la bibliothèque du jeune âge; et c'est avec joie qu'il saisit cette occasion d'adresser ses remercimens au voyageur infatigable qui lui a permis de le faire.

LISTE DES GRAVURES DONT CET OUVRAGE EST ORNÉ.

TABLE DES MATIÈRES.

CHAPITRE PREMIER.

CHAPITRE II.

CHAPITRE III.

CHAPITRE IV.

Pages.

CHAPITRE V.

FIN DE LA TABLE.

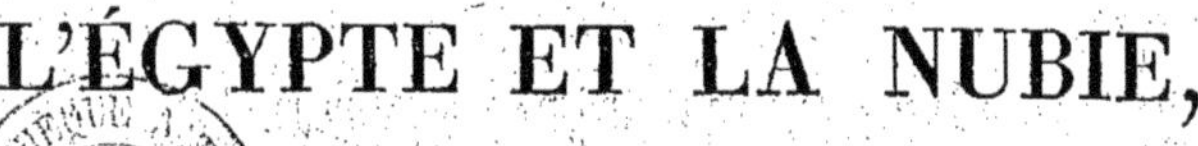

L'ÉGYPTE ET LA NUBIE,

OU

CURIOSITÉS DE CES PAYS.

CHAPITRE PREMIER.

Portrait de Bernard. — Situation de l'Egypte. — Belzoni paraît sur la scène. — Motifs de son voyage en Egypte. — Mauvais succès de sa machine hydraulique. — Ses pensées se tournent vers les antiquités du pays. — Difficultés qu'il trouve à transporter le jeune Memnon de Thèbes au Caire. — Belzoni descend dans un caveau de momies. — Fourberie des Arabes. — Coutumes égyptiennes. — Belzoni remonte le Nil jusqu'en Nubie. — Il visite l'île d'Eléphantine. — Il arrive à Ybsambul. — Il essaye d'ouvrir le temple magnifique. — Le manque de temps et d'argent le force de renoncer à son projet. — Il va voir la petite île de Maiuarty. — Danger qu'il court sur la cataracte. — Il revient à Thèbes. — Il fait transporter la statue du jeune Memnon au Caire. — Il s'arrête pendant quelque temps à Rosetta.

La voilà! la voilà! la dernière Pyramide, ma chère Laure, s'écria le petit Bernard, en montant sur la chaise de sa sœur, et considérant un dessin qu'elle copiait d'un grand volume in-folio. Maintenant, quand tu auras fini d'ombrer le côté de cette pyramide, voudras-tu me dessiner la roue de ma charrette? Je suis bien las, je t'assure, de tes tombeaux, de tes colonnes, de tes ruines et de tes monumens; j'aimerais beaucoup mieux savoir dessiner les roues de ma petite voiture : il m'est impossible de finir mon dessin. Tiens, tu vois, je fais entrer ma voiture dans une rue détournée. Il fait presque nuit, toutes les lampes des rues sont allumées. La lune paraît derrière les arbres, et la fumée s'élève de la maison du charretier. Mais ma pauvre charrette n'a pas de roues, parce que je ne sais pas les dessiner. Eh! bien, ma chère Laure, est-ce que tu n'as pas encore fini ton ennuyeuse pyramide?

Si tu savais, mon cher ami, dit Mme Julien, ce qui rend ces pyramides si intéressantes à Laure, tu ne serais pas si pressé de les voir finir; oui, je crois que tu renoncerais au plaisir de voir ton petit dessin achevé, pour regarder ta sœur dessiner le sien. — Tu crois, maman, s'écria le petit Bernard? Où sont donc ces pyramides, et pourquoi penses-tu que leur histoire m'amuserait tant? — Mon histoire est bien longue, reprit la mère, ainsi je ne la commencerai qu'après déjeûner, et alors nous pourrons continuer sans interruption. — Oh! maman, que cela sera charmant! oui, nous aurons une soirée charmante; et quant à ma voiture, Laure pourra y mettre des roues demain : elle pourra bien s'en passer pendant une nuit, n'est-ce pas, maman? s'écria le petit Bernard; et, sans attendre la réponse, il sauta, alla chercher son petit chapeau de paille dans le salon; et courut au bout de la prairie, pour avertir Alphonse et Emilie, qui s'amusaient, dans ce moment, à jouer à Colin-Maillard ensemble. Bernard revint avec eux. Le déjeûner fut bientôt fini, et la troupe joyeuse se retira à la bibliothèque. Les cartes de géographie furent posées sur la table. Laure s'assit entre ses deux frères, et Emilie, dont les yeux étincelaient de joie, alla se placer auprès de Mme Julien.

« Eh! bien, maman, veux-tu me dire maintenant pourquoi le dessin de Laure doit tant me plaire? où sont-elles, ces pyramides? dit Bernard. — Réfléchis un moment, mon ami. Ne connais-tu pas le nom d'un pays renommé pour les souvenirs des arts anciens? on te l'a souvent dit. » Bernard s'arrêta un moment. « *C'est en Egypte*, maman, *c'est en Egypte*, ancien royaume d'Afrique.

— Peux-tu me donner quelques détails sur l'Egypte ? sais-tu quelque chose qui ait rapport à ce pays ? » Bernard s'arrêta encore ; mais Emilie prit aussitôt la parole et dit : « Veux-tu me permettre, maman, de te raconter ce que j'en sais ? » Sa mère lui fit signe qu'elle le lui permettait.

« L'Egypte, dit alors Emilie, consiste en une vallée assez étroite, qui s'étend des deux côtés du Nil ; elle est entourée de montagnes et de collines ; au sud, se trouve la Nubie ; à l'Ouest, elle se joint au grand désert de sables ; au nord, elle est arrosée par la Méditerranée ; et à l'est, par la Mer-Rouge, excepté l'endroit où elle touche à l'Asie par la langue de terre appelée l'Isthme de Suez.

— Je me rappelle maintenant beaucoup mieux l'Egypte, en entendant parler du Nil, s'écria son petit frère ; j'ai souvent entendu parler des joncs qui croissent sur les bords de ce fleuve ; les habitans de ce pays en faisaient leur papier et écrivaient dessus tous leurs livres et tout ce qu'ils composaient. Ils plaçaient les feuilles minces de la tige l'une sur l'autre, ensuite les applatissaient, de sorte qu'une feuille se trouvait d'un côté, et une autre d'un autre côté, et ensuite elles étaient réunies ensemble avec l'eau bourbeuse du Nil, et les feuilles étaient séchées et pressées par des poids extrêmement lourds, et on les pressait et repressait jusqu'à ce qu'elles devinssent aussi lisses que possible.

— Papa nous a souvent assuré, dit Alphonse, qu'en Egypte il y a très-peu de pluie, que le Nil déborde à certaines périodes, et porte avec ses eaux un limon qui rend le sol fertile, sans exiger ces travaux que les fermiers, dans nos contrées, sont obligés de faire avant que les champs soient en état de recevoir les grains. En Egypte, ils n'ont qu'à mettre la semence en terre.

— Mais si le Nil venait à ne pas déborder quand ils s'y attendent, dit Bernard, que feraient-ils alors ?

— Cela arrive quelquefois, dit Laure ; mais tu apprendras bientôt les moyens que l'on a employés pour prévenir la famine qui est ordinairement la suite d'une telle calamité, et les méthodes que l'on a inventées pour suppléer au manque d'eau, quand le fleuve ne donne pas son assistance accoutumée.

— Eh! bien, maman, dit Alphonse, maintenant que nous savons où est l'Egypte, voyons les pyramides? de quel côté sont-elles, et dans quel but ont-elles été construites?

— Pas si vite, mon ami, avançons avec ordre. Je ne vous ai pas encore dit que l'Egypte est divisée en trois parties, la partie supérieure, la partie inférieure et celle du milieu; que c'est un pays renommé dans l'histoire, et qui a été la patrie des sciences. L'Egypte est non-seulement remarquable par ces monumens étonnans de l'antiquité, ces fameuses Pyramides auxquelles les recherches les plus profondes ne peuvent parvenir à donner une origine certaine; mais elle présente encore beaucoup d'autres superbes édifices, les ruines majestueuses d'anciens temples, des palais magnifiques, des obélisques, des colonnes, des statues et des tableaux. Tous ces objets rendent l'histoire d'Egypte extrêmement intéressante; elle l'est maintenant plus que jamais, depuis qu'un voyageur, avec un zèle infatigable, a fait d'immenses recherches dans ce pays. Ses curieuses découvertes parmi les temples et les Pyramides, ont excité, au plus haut degré, l'attention publique. Il a passé plusieurs années dans ces pénibles recherches, et se trouve aujourd'hui amplement récompensé en voyant que sa peine n'a pas été inutile. — Oh! maman, s'écria Emilie, dis-moi le nom de ce voyageur? pourquoi est-il allé dans ces lieux? il aimait donc bien les antiquités? comment a-t-il fait pour pénétrer dans les Pyramides, et qu'y a-t-il trouvé?

— Je ne puis répondre à tant de questions à la fois, ma chère petite; cependant, je te dirai le nom du voyageur dont je t'ai parlé, c'est Belzoni.

— Il est né sans doute en France, n'est-ce pas, maman?

— Non, il est né à Padoue.

— Padoue, c'est une ancienne ville d'Italie, grande et bien connue, dit Laure en montrant la carte du doigt.

— Est-ce bien vrai, tout ce que tu vas nous dire, maman, dit Alphonse?

— Oui, c'est très-vrai. L'histoire que je veux vous donner de l'Egypte et de la Nubie est tirée des voyages mêmes de Belzoni, publiés dernièrement : vous pouvez alors compter sur leur vérité. Des événemens malheureux forcèrent Belzoni à quitter son pays natal, et il est allé s'établir en Angleterre, il y a environ vingt ans. Il s'y maria et vécut de son industrie et des connaissances qu'il avait acquises à Rome, où il avait passé une partie de sa jeunesse. Il porta ses pensées plus particulièrement sur la science hydraulyque, qu'il avait déjà étudiée auparavant, et qui devint ensuite la principale cause de son voyage en Egypte.

— Pardonne-moi, ma chère maman, si je t'interromps, dit Bernard; veux-tu me dire ce que l'on entend par la science hydraulique, et pourquoi Belzoni voulut aller en Egypte, pour cela?

— La science qui a pour objet le mouvement des fluides, s'appelle hydraulique, et son principal objet est de nous fournir les moyens de conduire l'eau d'un endroit à un autre par des canaux ou d'autres moyens. Belzoni pensa qu'une machine hydraulique serait extrêmement utile en Egypte, pour arroser les campagnes qui n'ont besoin que d'eau pour produire dans toutes les saisons de l'année.

— Alors le climat est chaud et le sol fertile? dit Alphonse.

— Oui, le sol de l'Egypte est renommé pour la fertilité que lui donne le fleuve du Nil, et nous ne pouvons pas nous empêcher d'admirer les deux belles perspectives que l'Egypte présente aux deux saisons de l'année. Pendant notre été, le climat, en Egypte, est excessivement chaud, et il est impossible de voir un spectacle plus beau que celui que le pays offre au premier débordement du Nil: l'œil contemple avec étonnement une mer étendue, entourée de villes et de villages sans nombre; quelquefois des bosquets de palmiers forment d'agréables contrastes, tandis que les bois et les montagnes bornent cette perspective étendue.

Au contraire, si on prend une vue de l'Egypte au moment où nos jardins et nos plaines sont attristés par les froids de l'hiver, tout le pays en ces lieux ressemble à une immense prairie couverte de la plus belle verdure, émaillée des plus jolies fleurs; les plaines sont remplies de grands et de petits troupeaux, et l'air sain et pur répand une douce odeur de citronniers et d'orangers qui fleurissent en foule de toute part. — J'aimerais bien à vivre en Egypte, maman, s'écria Bernard.

— Mais il y a des désagrémens dans ces lieux aussi bien que partout ailleurs, mon ami. La chaleur est accablante pour ceux qui n'y sont pas accoutumés; les vents du sud sont quelquefois si dévorans, qu'ils obligent les habitans eux-mêmes à s'enfermer dans des voûtes ou des souterrains; il arrive souvent encore que ces vents élèvent des nuages de sable si épais, qu'ils obscurcissent la lumière du soleil, et sont presque insupportables pour ceux mêmes qui y sont habitués. Les habitans les appellent *vents empoisonnés* ou *vents du désert*, et pendant trois jours qu'ils durent ordinairement, les rues sont abandonnées. C'est une terrible position pour le voyageur infortuné qu'ils surprennent loin des habitations.

— Je voudrais bien savoir, s'écria Emilie, si Belzoni les a jamais rencontrés. Le crois-tu, maman?

— Je vais commencer mon récit, et alors vous aurez la description de ses différentes aventures. »

Mme Julien commença alors à raconter quelques circonstances des recherches de Belzoni en Egypte et en Nubie.

« M. Belzoni résidait depuis quelques années en Angleterre, lorsqu'il forma la résolution d'aller dans le midi de l'Europe; et prenant Mme Belzoni avec lui, il visita le Portugal et l'Espagne, et ensuite la petite mais importante île de Malthe, qui se trouve au sud de la Sicile, et depuis long-temps fameuse par son beau port, et la force de ses fortifications qui appartiennent maintenant à la Grande-Bretagne. Delà ils s'embarquèrent pour l'Egypte, et arrivèrent en sûreté à Alexandrie.

EMILIE : Voici Alexandrie, maman, sur le bord de la mer, je viens de la trouver sur la carte.

Mme JULIEN : En entrant dans le port de cette ville, Belzoni apprit que la peste y exerçait ses ravages. Pour un européen qui n'avait jamais été dans ces lieux auparavant, cette nouvelle devait être alarmante. Heureusement, cependant, la contagion cessa bientôt; et comme le principal but de Belzoni était d'aller au Caire, il loua un bateau, et ils s'embarquèrent avec un gentilhomme anglais qui voulait remonter le Nil.

BERNARD : Voici le Caire ; c'est la capitale d'Egypte, au sud d'Alexandrie.

Mme JULIEN : Cette ville est à quarante lieues de l'embouchure du Nil. Des vents contraires empêchèrent, pendant plusieurs jours, nos voyageurs de débarquer à Boolac, qui se trouve à un mille environ. Dans ce lieu, des scènes brillantes se présentèrent à leurs yeux, et la vue majestueuse de soldats turcs dans différens costumes, d'Arabes de toutes les tribus ; des bateaux, des chameaux, des chevaux et des ânes, tous en mouvement, formaient un tableau frappant. Aussitôt après leur débarquement, ils se dirigèrent vers le Caire ; mais comme les saints-pères du couvent de *Terra-Sancta* ne pouvaient pas recevoir de femmes dans leurs murs, ils se logèrent dans une vieille maison, à Boolac, appartenant à un gentilhomme, l'interprète de Méhémed Ali, et directeur de toutes les affaires étrangères. C'était un homme d'un jugement très-délicat, et très-bien disposé en faveur des étrangers.

BERNARD : Qui est ce Méhémed Ali ?

Mme JULIEN : Le vice-roi ou pacha turc, par lequel l'Egypte est gouvernée.

ALPHONSE : Je suis bien aise d'apprendre que cet interprête était bien disposé en faveur des étrangers ; car je pense que Belzoni eut besoin de son influence pour faire parler au pacha de sa machine hydraulique, ce qui, tu sais, était le principal but de son voyage.

Mme JULIEN : Des voyageurs sont souvent obligés de se soumettre à beaucoup de désagrémens, et c'est ce qui arriva aux nôtres. La maison qu'ils habitaient était si vieille et si ruinée, qu'elle paraissait, à chaque moment, devoir tomber sur leur tête ; toutes les fenêtres étaient fermées par de mauvais barreaux de bois ; l'escalier était en si mauvais état, qu'il restait à peine une seule marche entière. La porte n'était fermée que par une poutre qui était placée en dedans, et n'avait ni serrures ni aucunes choses pour en défendre l'entrée. Il y avait beaucoup de chambres dans cette maison, mais le plafond était dans un état affreux. Tout l'ameublement consistait en un tapis dans une des meilleures chambres, qui passait pour le salon.

BERNARD, *en riant :* Oh! quel curieux salon, si le nôtre n'avait qu'un tapis! Mais continue, ma chère maman.

Mme JULIEN : Il n'y a point de chaises dans ce pays : ils s'assirent par terre, un coffre, une malle leur servirent de table. Heureusement ils avaient quelques assiettes, ainsi que des couteaux et des fourchettes, et Joseph, domestique irlandais, qu'ils avaient pris avec eux, parvint à se procurer plusieurs instrumens de cuisine. Tels furent les inconvéniens que nos hardis voyageurs rencontrèrent à Boolac. Quoique le premier objet de Belzoni ne fût pas alors de voir les antiquités du pays, cependant il ne put résister au désir de visiter les fameuses pyramides.

EMILIE : Il avait raison, puisqu'il en était si près. Je crois avoir entendu dire, maman, qu'elles se trouvent au pied de ces montagnes qui séparent l'Egypte de la Lybie.

Mme JULIEN : Le gentilhomme anglais qui accompagnait Belzoni, en remontant le Nil, obtint, du pacha, une escorte de soldats, et alla un soir avec Belzoni, vers les Pyramides, dans l'intention de monter dans l'une d'elles le lendemain matin, pour voir le lever du soleil. Ils se trouvèrent sur le sommet avant l'aurore. La scène qui se présenta alors à leurs regards, pleine de grandeur et de majesté, les charma. Un léger nuage, répandu sur ces vastes plaines sablonneuses, formait un voile qui disparut par degré, à mesure que le soleil se levait, et enfin découvrit à leurs yeux ce pays superbe, autrefois le séjour de Memphis. La vue distante des Pyramides, plus petites au sud, marquait l'étendue de cette vaste capitale; tandis que le spectacle majestueux de l'immense Désert sablonneux, à l'ouest, et qui s'étendait aussi loin que l'œil pouvait atteindre, inspirait des sentimens sublimes. Au nord, la terre fertile et la course oblique du Nil descendant vers la mer, la riche vue du Caire et ses brillans minarets, la plaine charmante, qui s'étend depuis les Pyramides jusqu'à cette ville; les bois épais, le palmier au milieu de la vallée fertile, formaient tous ensemble un spectacle que Belzoni ne pouvait se lasser d'admirer.

BERNARD : Maman, je ne comprends pas comment Belzoni parvint à monter dans la Pyramide.

Mme JULIEN : Il y a des marches au dehors, et c'est par là qu'il y monta. Ayant ainsi satisfait son désir, il alla, avec son ami, voir une autre Pyramide, examina plusieurs des mausolées, et revinrent au Caire, charmés d'une merveille qu'ils avaient si long-temps désiré de voir, mais n'avaient jamais, jusqu'alors, espéré de contempler de leur vie. Quelques jours après, ils formèrent le projet d'aller à Sacara, par eau. Après avoir visité les Pyramides dans cet endroit, la petite société revint au Caire, excepté M. Turner, le gentilhomme anglais et Belzoni, qui allèrent ensemble à Dajior, et examinèrent les ruines de plusieurs autres Pyramides. Quand ils revinrent auprès du Nil, il était déjà nuit, et ils eurent à passer plusieurs villages avant d'arriver à un endroit où ils pussent s'embarquer pour le Caire. Ils traversèrent plusieurs bois de palmiers qui, frappés des premiers rayons de la lune, offraient à leur esprit quelque chose de touchant. Dans différens endroits, des arabes dansaient au son de leur tambourin, et, oubliant les Turcs, leurs tyrans et leurs maîtres, jouissaient de quelques instans de bonheur. A la fin, Belzoni et son ami prirent un petit bateau, et arrivèrent au Caire avant l'aurore. Deux jours après Belzoni devait être présenté au pacha, pour lui communiquer ses projets sur la machine hydraulique.

Emilie : J'espère que le pacha en fut content, puisque Belzoni s'était donné tant de peine pour procurer le bonheur de son peuple.

Mme Julien : Le pauvre Belzoni éprouva un accident malheureux qui le retint pendant quelque temps : il reçut un coup violent à la jambe, d'un soldat qui passait à cheval, et fut obligé de se retirer au couvent de *Terra-Sancta*.

Bernard : Il dut être bien affligé de se voir retenu dans un endroit pareil; et cependant le couvent fut peut-être, pour lui, moins désagréable que cette vieille maison ruinée à Boolac. Se rétablit-il bientôt, maman? Je pense que ce cruel soldat n'avait jamais entendu la maxime favorite : « Faites aux autres ce que vous voudriez qu'on vous fît à vous-même. »

Mme Julien : Ce soldat ne connaissait aucun sentiment d'humanité. Belzoni cependant se trouva, en peu de jours, assez bien rétabli pour être présenté au pacha.

ALPHONSE : Je n'aime pas à t'interrompre, maman ; mais le pacha est donc comme un roi? quelle sorte de gouvernement y a-t-il en Egypte?

Mme JULIEN : La forme du gouvernement établi en Egypte, s'appelle une aristocratie.

ALPHONSE : Qu'est-ce qu'une aristocratie, maman? Je sais que le gouvernement despotique est celui où la volonté du monarque est la loi ; et qu'une monarchie limitée comme en Angleterre, indique que le roi n'a qu'une partie du pouvoir suprême, qu'il partage avec ses sujets; mais je ne comprends pas ce que tu veux me dire par une aristocratie.

Mme JULIEN : Une aristocratie est un état républicain, dans lequel le pouvoir suprême est tout entier confié aux nobles et aux grands. Depuis que l'Egypte est sous la domination des Turcs, elle a été gouvernée par un pacha qui réside au Caire, et qui a, sous lui, des gouverneurs dans plusieurs parties du pays.

EMILIE : Quand tu nous parlais tout-à-l'heure des Arabes jouant, à la clarté de la lune, sous les palmiers, et dansant au son du tambourin, tu nous as dit qu'ils oubliaient, en ce moment, les Turcs leurs maîtres. Qu'est-ce que les Turcs ont à faire en Egypte?

Mme JULIEN : Les habitans de l'Egypte se composent de différentes races. Les Turcs, qui croient avoir le droit de tyranniser ce pays, parce que les Arabes (qui forment une autre race) ont été conquis par eux : il y a encore les Coptes qui descendent des premiers Egyptiens, ainsi que beaucoup d'autres races, sous différens noms. Mais nous avons fait une assez longue digression, retournons à notre sujet.

BERNARD : Oh! maman, que je serai content d'entendre quelques-unes des aventures de Belzoni, et comment il en est sorti!

Mme JULIEN : Les aventures sont des choses charmantes, quand on s'en retire avec succès. Mais il faut que tu aies de la patience, mon enfant. Belzoni fit un arrangement avec le pacha, et entreprit de construire une machine qui donnerait autant d'eau avec un seul bœuf, que les machines du pays en peuvent fournir avec quatre.

BERNARD : Généreux Belzoni ! combien je désire que son projet réussisse !

ALPHONSE : Comment Méhémed Ali l'a-t-il trouvé, maman ? je craignais qu'il ne fût d'un caractère trop indolent pour admirer quelque chose de nouveau. Il était né en Turquie, et les Turcs, tu le sais, sont renommés pour leur indolence.

Mme JULIEN : Tu as raison, mon ami, de supposer qu'une personne dont l'esprit est énervé ne peut trouver autant de plaisir dans un projet nouveau, qu'un homme dont le caractère est plus actif. Ali, cependant, reçut Belzoni avec beaucoup d'honnêteté, et fut très-content de sa proposition.

ALPHONSE : Et sans doute il devait l'être, puisqu'il pouvait prévoir que si on en venait une fois à bout, ce projet épargnerait la dépense et le travail de plusieurs millions de bœufs.

Mme JULIEN : Belzoni commença donc sa machine hydraulique. Elle devait travailler à Soubra, dans le jardin du pacha, sur le Nil, à trois mille environ du Caire. Il rencontra beaucoup de difficultés; car les personnes qui devaient lui fournir du bois, du fer, de la menuiserie, etc., pensèrent malheureusement qu'ils souffriraient les premiers, si la machine réussissait. Cependant on est toujours sûr du succès quand l'énergie ne manque pas, et, au bout de quelque temps, Belzoni eut le plaisir de voir sa machine terminée; mais comme il resta quelque temps à Soubra, vous ne serez peut-être pas fâchés d'apprendre comment il passait les momens de loisir que ses travaux lui laissaient.

BERNARD : Oh ! sans doute, ma chère maman, je serai ravi de l'entendre ! c'était un homme bien habile que Belzoni !

Mme JULIEN : Tu vois, mon cher ami, que presque tout dépend de l'application de nos premières années. La science hydraulique fut d'abord cultivée par Belzoni, à Rome, pendant son enfance.

BERNARD : Je suis bien sûr qu'il ne pensait pas alors à aller en Egypte.

Mme JULIEN : Pendant son séjour à Soubra, Belzoni fit connaissance avec plusieurs turcs, et particulièrement avec le gouverneur du Palais. Le jardin du pacha était confié à ses soins, et une garde était toujours tenue à la grille. Le sérail est situé de manière qu'il domine sur le Nil. Derrière le sérail se trouve un jardin charmant cultivé par des Grecs, et en très-bon ordre. Il est orné de bosquets verts, entourés d'arbrisseaux fleuris autour desquels les plantes odoriférentes enlacent leurs tiges nombreuses, tandis que des machines à eau, toujours en mouvement, entretiennent une éternelle verdure.

BERNARD : Oh! le charmant endroit, maman! Mais la machine hydraulique de Belzoni n'était donc pas la première machine à eau?

Mme JULIEN : Ce n'était pas, à dire vrai, la première; mais c'était la plus grande et la mieux construite pour tous les travaux importans. Toi, Emilie, qui aimes tant les fleurs, tu riras peut-être des amusemens qui intéressent le pacha, beaucoup plus que ses arbrissaux et ses plantes. Le soir, quand le soleil se couche, il quitte son sérail et s'assied sur les bords du Nil, avec ses gardes, pour tirer un pot de terre placé sur le côté opposé.

EMILIE : Tirer un pot de terre, quand on est dans un aussi joli jardin! Ah! maman, Méhémed Ali n'entend donc rien à la botanique.

ALPHONSE : S'il n'est pas botaniste, Emilie, il doit être excellent tireur; car je crois que la rivière, à Soubra, est beaucoup plus large que la Seine au Pont-Neuf.

Mme JULIEN : Quand la nuit tombe, il se retire dans le jardin, et se repose sous l'ombrage d'une grotte, ou sur le bord de quelques hauteurs, avec toute sa suite autour de lui, qui essaie de l'amuser, tandis que le murmure des eaux, les airs joyeux des instrumens de musique, et les doux rayons de la lune réfléchis sur la surface du Nil, augmentent la beauté de ce séjour. C'est dans ce lieu que Belzoni fut souvent admis auprès du pacha, et qu'il eut occasion d'observer la vie domestique d'un homme qui, de rien, était devenu vice-roi d'Egypte, après avoir conquis les tribus les plus puissantes de l'Arabie. Le pacha paraissait bien connaître les avantages qu'il pouvait retirer, en encourageant, dans sa patrie, les arts de l'Europe, et en avait déjà souvent recueilli le fruit. La manufacture de la poudre à canon, la raffinerie de sucre, la manufacture de l'indigo et de la soie avaient été pour lui des importations très-utiles : il prend des informations sur toutes les inventions nouvelles, et on est toujours sûr de lui plaire en lui en

P. 143.

Mais il apprit de lui que les Béduins étaient tous campés dans la partie de la province soumise à Khalil Bey.

P. 22.

C'est dans ce lieu que Belzoni fut souvent admis auprès du Pacha.

Pl. 12

Il quitte son sérail et s'assied sur les bords du nil.

Pl. 13

Il sauta comme le soldat.

rendant un compte exact. Il avait entendu parler de l'électricité, et avait envoyé chercher, en Angleterre, deux machines électriques.

Bernard : Oh! il va bien s'amuser maintenant! j'espère qu'il recevra une bonne secousse. Te rappelles-tu, Emilie, que nous en avions une dans le cabinet d'étude de papa, tu tenais une petite chaîne, et moi je tenais ta main, et Alphonse la mienne, et nous sautâmes tous ensemble. J'espère que cette machine électrique fera bien sauter Méhémed Ali.

Mme. Julien : Une de ces machines s'était brisée dans la route; l'autre était démontée. Personne, dans le pays, ne savait la mettre en ordre. Belzoni se trouvait par hasard dans le jardin, un soir qu'ils essayaient de la réparer, et le pacha le pria de mettre les pièces ensemble : lorsqu'il eut fini, il dit à l'un des soldats de monter sur le tabouret électrique, et chargeant alors la machine, il donna au turc une si bonne secousse, qu'il jeta un grand cri, et sauta plein d'étonnement et de terreur. Le pacha se moqua du soldat, pensant que sa frayeur n'était qu'un prétexte, et non l'effet de la machine; et quand on lui dit que c'était réellement occasionné par la machine, il assura positivement que cela ne pouvait pas être; car le soldat avait été repoussé si loin, qu'il était impossible que la petite chaîne qu'il tenait dans la main pût avoir tant de forces.

Alphonse : Eh! bien, maman, comment Belzoni s'y prit-il pour convaincre Ali?

Mme Julien : Il pria l'interprète de dire à sa hautesse, que si elle voulait avoir la bonté de monter sur le tabouret, elle pourrait se convaincre du fait par elle-même. Le pacha hésita pendant quelques momens s'il devait le croire ou non : cependant il monta sur le tabouret. Belzoni chargea bien la machine, mit la petite chaîne dans la main du pacha, et lui donna une forte secousse. Il sauta comme le soldat, en sentant l'effet de l'électricité, et se jeta sur son sopha, avec de longs éclats de rire, et ne pouvant concevoir comment cette machine avait tant de pouvoir sur le corps humain.

Bernard : Combien Méhémed Ali devait avoir l'air drôle, lorsqu'il se tenait sur ce petit tabouret, et surtout quand il se sentit si fortement repoussé. J'aime beaucoup cette histoire, surtout parce qu'elle est vraie.

Mme Julien : Les Arabes de Soubra déploient autant de pompe quand un mariage important a lieu, que dans aucun autre village d'Egypte. Un mariage se célébra pendant le séjour de Belzoni; et comme les fenêtres de sa maison donnaient sur l'endroit où il se célébrait, il eut occasion de voir toute la cérémonie. Le matin de cette grande fête, un grand poteau fut élevé de très-bonne heure au centre de la place, avec la bannière du village... Une bannière ! répéta tout bas Bernard.

C'est une espèce de drapeau, dit Laure; et Mme Julien continua : Une grande foule de peuple s'assembla sous cette bannière; on avait préparé des illuminations en verres de couleurs; une place était réservée aux musiciens, etc., etc.

Emilie : Alors je pense que les Arabes des autres villages vinrent aussi à la fête, battant leur tambourin et déployant leurs drapeaux?

Mme Julien : Tu as raison; mais ils restèrent à quelque distance jusqu'à ce qu'ils eussent reçu l'invitation d'approcher.

Emilie : Sans doute que ce poteau était semblable à celui autour duquel les jeunes villageoises viennent attacher leurs guirlandes dans les fêtes du mois de mai?

Mme Julien : Cela est très-probable. Les vieillards s'assirent sous le poteau, et tous à l'entour, et les étrangers se placèrent un peu plus loin. Un d'eux commença à chanter, tandis que les autres se séparèrent en deux parties, formant deux cercles, l'un dans l'autre, autour du poteau, et en face l'un de l'autre.

Bernard : Je comprends, maman. Je suppose que chacun mit ses bras sur les épaules de son voisin, et forma ainsi une chaîne.

Mme Julien : C'est cela. Le cercle extérieur restait immobile, tandis que ceux qui formaient le cercle intérieur dansaient et saluaient, au son de la musique, ceux qui se trouvaient dans l'autre cercle. Ils continuèrent ainsi pendant trois heures, et ceux qui n'étaient pas dans les cercles, formaient des danses à part.

EMILIE : Voilà donc la manière de danser des Arabes ! quelle est différente de la nôtre ! Mais où étaient donc les dames, pendant tout ce temps-là ?

Mme JULIEN : Toutes les femmes étaient réunies ensemble à quelque distance, et la mariée était avec elles. Quand elles eurent fini de danser et de chanter, ils s'assirent tous, et on apporta, dans des bols de bois, une grande quantité de riz, ainsi que des plats de melokie et de bamis, et trois ou quatre moutons rôtis, qui furent bientôt mis en pièces et dévorés.

BERNARD : Melokie et bamis, maman, qu'est-ce donc que cela ?

Mme JULIEN : Ce sont des plantes que mangent ordinairement les Arabes. Une multitude de jeunes garçons furent occupés, pendant toute la cérémonie, à aller chercher de l'eau du Nil. Le soir, les verres de couleur furent allumés ; une troupe de tambourins jouait continuellement, et la fête finit, comme elle avait commencé, par une danse.

EMILIE : Je t'assure, maman, que je n'envie pas du tout ces Arabes au milieu des danses. Mais retournons à Belzoni. Fut-il bien long-temps avant de terminer sa machine, du moins à la mettre en état de pouvoir la montrer au pacha ?

Mme JULIEN : Belzoni fut long-temps à terminer son entreprise. La machine était construite sur le modèle d'une grue, avec une roue marchante, dans laquelle un seul bœuf, par son seul poids, pouvait faire autant que quatre bœufs employés dans les machines de ce pays.

ALPHONSE : Alors Belzoni parvint à terminer sa machine en dépit de toutes les difficultés qu'il eut à éprouver de la part des ouvriers intéressés.

Mme JULIEN : Oui : il était d'un caractère trop ferme pour abandonner un ouvrage qui l'avait, plus que toute autre chose, déterminé à venir dans ce pays.

BERNARD : Avant de continuer, maman, dis-moi, je te prie, ce que tu entends par une grue ? Il y a bien le portrait d'une grue dans mon livre de fable, mais je ne sais pas du tout ce que l'on entend par une grue à roue marchante.

ALPHONSE : La grue dont maman te parle, Bernard, n'est pas un oiseau, mais une machine employée dans les bâtimens, et qui sert à lever ou à descendre de grosses pierres, des poids très-pesans et quelquefois de l'eau, comme tu le vois.

Mme JULIEN : C'est un terme technique dans les mécaniques, mon ami, et j'essaierai bientôt de t'expliquer ce que l'on entend par une grue avec une roue marchante.

Le pacha vint à Soubra pour examiner la machine hydraulique. Elle fut mise en mouvement; elle réussit complètement, et fournit six ou sept fois autant d'eau que les machines ordinaires dans le même espace de temps.

BERNARD : Ah! Belzoni est bien récompensé de ses fatigues! Les fermiers égyptiens peuvent maintenant ensemencer leurs terres sans craindre la famine; et quand même le Nil ne déborderait pas, ils peuvent se procurer de l'eau, et arroser leurs terres tout aussi bien.

Mme JULIEN : Nos plus belles entreprises, quoique d'abord suivies du succès, peuvent quelquefois être renversées dans la suite par des accidens imprévus. Et tel fut le sort de l'entreprise de notre ingénieux ami. Le pacha eut la fantaisie de faire retirer le bœuf de la roue, pour voir quel effet aurait la machine en y mettant quinze hommes à la place. Le pauvre Joseph, ce domestique irlandais dont je vous ai déjà parlé, entra avec eux; mais la roue n'eut pas plutôt tourné une fois, qu'ils sautèrent tous dehors, laissant ce pauvre garçon seul. La roue, nécessairement emportée par la force de l'eau, retourna sur elle-même avec tant de rapidité, qu'il fut impossible de l'arrêter à temps; Joseph en fut violemment repoussé, et, dans sa chûte, se cassa la cuisse. Belzoni parvint enfin à arrêter la roue avant qu'elle ne causât d'autres accidens.

ALPHONSE : Quel dommage, maman! Je n'aime pas du tout ces quinze hommes, et je prévois bien ce qui va arriver. Les Turcs sont si superstitieux, qu'ils considéreront, j'en suis sûr, un tel accident

Pl. 16.

Le pacha vint a Soubra pour examiner la machine hidraulique.

P. 21.

Tous les hommes réunirent leurs efforts jusqu'à ce qu'ils l'eussent placé sur la voiture.

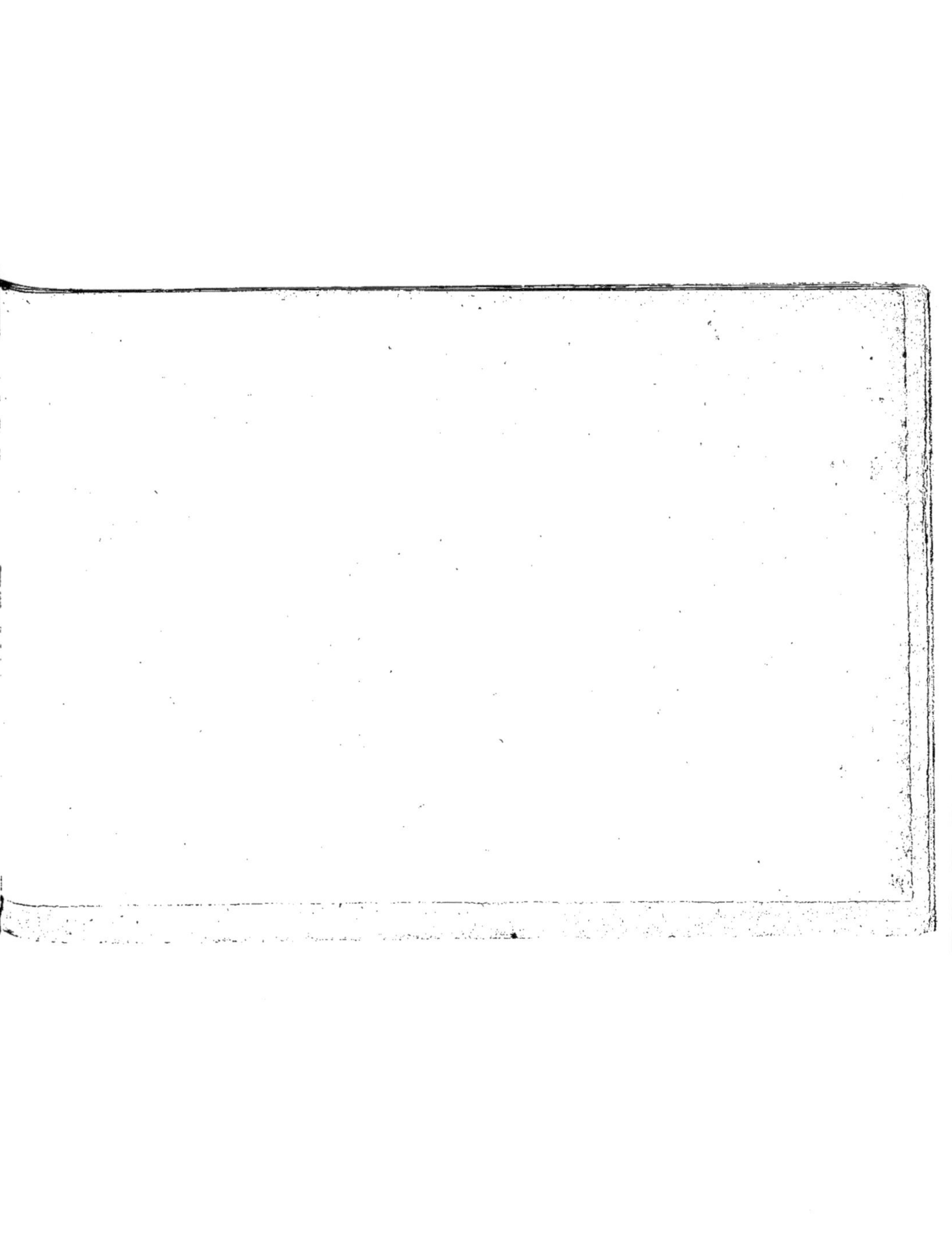

Pl. 28.

Ils parvinrent enfin à sortir.

Pl. 27.

M.me Belzoni accompagna son mari.

arrivé à une invention nouvelle comme un mauvais présage, et je crains bien que les travaux et le talent de Belzoni ne soient ainsi devenus inutiles.

Mme Julien : Tu ne te trompes pas. On engagea le pacha à abandonner cette affaire, et le projet de Belzoni étant ainsi manqué, il tourna ses pensées vers les antiquités du pays, et possédant un esprit infatigable pour les recherches, il résolut de parcourir l'Egypte dans ce dessein. Un gentilhomme, nommé Burckhardt, avait depuis long-temps désiré de faire transporter en Angleterre un buste immense, connu sous le nom du jeune Memnon, et avait souvent essayé d'engager Ali à l'envoyer en présent à S. M. Britannique; mais le Turc ne pensait pas que cette statue valût la peine d'être envoyée à un aussi grand personnage. Belzoni sachant combien ce gentilhomme désirait l'avoir, lui proposa de la transporter de Thèbes à Alexandrie, et avec la permission du pacha, de la faire conduire de là en Angleterre. Il se prépara donc à remonter le Nil.

Emilie : Il est maintenant à Soubra, à trois milles du Caire; où est le buste, maman? Belzoni avait-il quelqu'autre motif pour désirer de se procurer cette statue, outre le désir de plaire à son ami?

Mme Julien : Il avait reçu l'ordre de rechercher cette statue immense au sud d'un temple ruiné, dans les environs d'un village appelé Gournou, auprès de Carnac, dans l'intention de la présenter au Musée britannique.

Emilie : Voici Carnac; maman, tout auprès de Thèbes. J'ai suivi, avec mon petit doigt sur la carte, la course du Nil, depuis le Caire, et je viens de le trouver. Gournou n'est pas marqué sur la carte, mais je connais sa situation.

Mme Julien : On avait engagé Belzoni à n'épargner ni argent ni peine pour la faire transporter sur les bords du fleuve aussitôt que possible. Il loua un bateau, avec quatre matelots, un petit garçon et un capitaine. Tout fut bientôt prêt pour leur départ de Soubra. Tous leurs instrumens pour enlever le buste consistaient en quelques perches et des cordes de feuilles de palmier. Mme Belzoni accompagna

son mari, et ils convinrent de s'arrêter et d'examiner toutes les ruines qu'ils pourraient rencontrer sur la route.

BERNARD : Mais le pauvre Joseph, le domestique irlandais, où se trouvait-il, maman ?

Mme JULIEN : Il fut heureusement en état de les accompagner. Il faut maintenant que vous suiviez leur course sur la carte, depuis Boolac, où ils s'embarquèrent, jusqu'à Thèbes.

En six jours, ils arrivèrent à Siout, capitale de l'Egypte supérieure, et de là ils allèrent à Acmin, où ils s'arrêtèrent pour visiter un couvent de religieux; ils se remirent en route et se dirigèrent vers le temple célèbre de Tentyra. C'est le premier temple égyptien que le voyageur aperçoit, en remontant le Nil, et c'est aussi le plus beau.

BERNARD : Il est juste sur le bord du fleuve, n'est-ce pas, maman ?

Mme JULIEN : Non, mon ami. Il est situé à deux milles du Nil, et Belzoni et sa société ayant débarqué en cet endroit, montèrent sur des ânes, et s'avancèrent vers les ruines. Ils ne purent presque rien apercevoir du temple, jusqu'à ce qu'ils fussent arrivés tout auprès; car il est de toute part entouré de décombres.

BERNARD : Ah Belzoni ! j'aurais bien voulu trotter sur mon petit bidet, à côté de toi !

Mme JULIEN : Quand il fut arrivé dans cet endroit ; il fut long-temps embarrassé pour savoir de quel côté il commencerait ses recherches. Cette foule d'objets qui se présentaient tout-à-coup à sa vue le remplissaient d'étonnement ; les masses immenses de pierres employées dans l'édifice ; la majestueuse apparence de sa construction; la variété de ses ornemens et l'état de grandeur dans lequel il se trouvait encore après tant de siècles, firent une telle impression sur Belzoni, qu'il s'assit par terre, plein de ravissement et d'admiration.

LAURE : Je pense, maman, que ce temple est le musée des arts d'Egypte; et je crois avoir entendu dire à papa, que selon l'opinion de la plupart des auteurs, il fut bâti sous le règne du premier Ptolémée.

Mme JULIEN : Il est assez probable que ce roi, qui cherchait par tous les moyens à mériter l'amour de son peuple, ait fait construire cet édifice pour convaincre les Égyptiens de sa supériorité sur les anciens rois d'Égypte, même dans les monumens religieux. Nous perdrions trop de temps à décrire scrupuleusement toutes les particularités de ce temple. Quand M. et Mme Belzoni eurent satisfait leur curiosité, ils revinrent à leur petit bateau et s'embarquèrent pour Thèbes.

EMILIE : Ils auront bientôt atteint le terme de leur voyage, et alors nous verrons la grande statue, la statue colossale.

Mme JULIEN : Belzoni assure qu'il est impossible de se représenter un spectacle aussi imposant que celui qu'offrent les ruines immenses de Thèbes. Il croyait, dit-il, entrer dans une ville de géans, qui avaient tous été détruits, et ne laissaient, dans les lieux qu'ils avaient habités, que les restes épars de temples divers pour attester leur existence. L'attention est attirée par des masses de ruines qui dominent sur un bois majestueux de palmiers, où le voyageur trouve une foule de temples, de colonnes, d'obélisques et de portiques; de toute part il se trouve entouré de merveilles nouvelles; les figures colossales dans les plaines, les tombeaux creusés au milieu des rochers, ceux qui reposent dans la grande vallée des rois, avec leurs portraits, leurs sculptures et leurs momies, présentent tour-à-tour des objets dignes d'admiration, et l'on ne peut s'empêcher de s'étonner qu'une nation, qui fut autrefois, assez grande pour construire ces prodigieux monumens, ait pu tomber dans l'oubli, au point que son langage même et son écriture nous sont entièrement inconnus.

Après avoir contemplé ce séjour de la grandeur ancienne, Belzoni traversa le Nil et se dirigea vers un temple ruiné, auprès de Gournou. Ce temple s'élève au-dessus de la plaine. Belzoni entra au milieu de ces colonnes, regardant les nombreux tombeaux creusés dans les rochers; mais sa première pensée fut d'examiner le buste qu'il avait à enlever; il le trouva au sud du temple, auprès des restes de son corps. Sa figure était très-belle et d'une grandeur immense.

BERNARD : Je ne peux pas m'imaginer, maman, comment Belzoni parvint à l'enlever; tu sais qu'il n'avait que quelques longues perches et quelques cordes de feuilles de palmier; et des cordes de palmier, quelque fortes quelles soient, ne pourraient jamais résister à un poids aussi énorme. Je crois qu'il aurait mieux fait de construire une voiture à-peu-près semblable à celle sur laquelle l'immense brebis d'Afrique repose sa queue, comme nous l'avons vu dans le cabinet de Monsieur; et par ce moyen, il aurait pu l'apporter jusqu'au Nil, le placer dans un bateau et le transporter ainsi jusqu'au Caire.

Mme Julien : C'est très-bien trouvé, mon petit ami! tous les instrumens de Belzoni consistaient en quatorze perches; il en employa huit à faire une voiture semblable à celle que tu proposais; quatre cordes de palmier et quatre rouleaux lui servirent beaucoup plus que des roues.

Émilie : Comme le buste était à quelque distance du Nil, c'eut été trop loin pour eux d'aller coucher dans le bateau tous les soirs. Comment s'arrangèrent-ils pour cela?

Mme Julien : Une petite cabane leur fut construite, en pierre, au milieu des ruines du temple.

Bernard : Les voilà bien logés, ma foi! peut-être que cette petite cabane était tout aussi commode que leur vieille maison délabrée à Boolac, qu'ils s'attendaient à chaque moment a voir tomber sur leur tête; mais nos deux voyageurs sont accoutumés à se contenter de tout ce qu'ils trouvent.

Eh bien! maman, le buste!

Mme Julien : Le temps auquel le Nil déborde ordinairement s'approchait avec rapidité, et tout le terrein qui s'étend depuis le temple jusqu'aux bords du fleuve, allait peut-être se trouver inondé dans l'espace d'un mois.

Bernard : Alors je conseille à M. Belzoni d'attendre cette époque, et alors de se sauver, avec le buste, dans son bateau, et de s'en retourner aussi vîte qu'il pourra!

Mme Julien : Ce n'était pas encore chose si facile, le terrein entre le buste et le fleuve était très-inégal, et à moins que la statue ne fut transportée au-delà de ces lieux, avant que l'inondation ne commençât, il eût été impossible d'en venir à bout. Belzoni ne perdit donc pas de temps; il parvint avec quelques difficultés à se procurer un certain nombre d'hommes, et convint de leur donner trente *paras* par jour, ce qui fait neuf sols de monnaie française, s'ils voulaient consentir à l'aider. Un charron construisit une voiture à-peu-près semblable à celle qui soutient la queue de la brebis d'Afrique dont tu nous parlais tout-à-l'heure, Bernard, seulement incomparablement plus grande; la première opération fut de placer le buste sur cette simple voiture. Les habitans de Gournou, qui connaissaient parfaitement Caphany, comme ils l'appellent, étaient persuadés qu'il ne pourrait jamais être enlevé de l'endroit où il était, et quand ils virent ce qui leur avait jusqu'alors paru impossible, ils jetèrent de grands cris d'étonnement et ne pouvaient s'imaginer que ce fut l'effet de leurs propres efforts. Pourrais-tu bien deviner comment Belzoni s'y prit pour placer le buste sur la voiture?

Bernard : Je pense, maman, qu'il attacha les cordes de palmier plusieurs fois autour de Caphany, très-fort et très-ferme, et ensuite tous les hommes réunirent leurs efforts jusqu'à ce qu'ils l'eussent soulevé et placé sur la voiture.

Mme Julien : Ah! mon petit ami, tu connais peu l'usage des machines; comment peux-tu supposer que cette statue pût être remuée par une force humaine; et toi, Alphonse, quelle est ton opinion?

Alphonse : Je pense, maman, qu'au moyen de leviers, le buste pouvait être soulevé assez haut, du moins, pour laisser un espace au-dessous, et alors, la voiture pouvait être poussée par quelques-uns de ces hommes qui se tenaient tout près. Après que Caphany eut été ainsi placé sur la voiture, la voiture elle-même pouvait être levée de manière à pouvoir mettre un des rouleaux dessous, et si la même opération était faite à l'autre bout, on eût pu le mettre tout entier. C'est alors, Bernard, que tes cordes de palmier pourront servir à l'attacher à la voiture et à le tirer.

Mme Julien : C'est bien, Alphonse, je suis très contente de tes découvertes. C'est précisément là le moyen que Belzoni employa, et quand il fut parvenu à le faire transporter à quelque distances de l'endroit où il était d'abord, il envoya un arabe au Caire, avec la nouvelle que le buste avait commencé son voyage pour l'Angleterre. Notre ingénieux ami me rappelle une remarque faite par un auteur célèbre : que c'est par des efforts fréquemment répétés, que l'homme termine les entreprises les plus difficiles, qu'il n'aurait pu, sans folie, espérer de terminer d'un seul coup. Belzoni avait encore beaucoup de difficultés à rencontrer. Quand les Arabes virent qu'on leur donnait de l'argent pour transporter une pierre, ils s'imaginèrent qu'elle était remplie d'or dans l'intérieur, et qu'ils ne devaient pas laisser enlever un objet d'une aussi grande valeur.

Cependant, de jour en jour, Caphany avançait lentement, et après beaucoup de délais et d'obstacles, provenant de la difficulté de le transporter sur le sable, de la désertion de plusieurs ouvriers et de la crainte d'une inondation, etc., etc.. Belzoni eut enfin la satisfaction de voir son jeune Memnon arriver sur les bords du Nil.

EMILIE : C'est bien vrai, ce que tu viens de nous dire; la persévérance est ordinairement suivie du succès. Mais il reste encore à mettre ce colosse dans un bateau; il lui faut descendre très-loin le Nil, avant d'arriver au Caire, et je pense que Belzoni a l'intention de s'y arrêter pour le montrer à Méhémed Ali.

Mme JULIEN : C'est bien là son intention, mais il est impossible de trouver des bateaux. Il faut donc laisser le buste où il est pour le moment, et accompagner Belzoni, si vous le voulez, dans une de ces cavernes qui se trouvent auprès des montagnes de Gournou, et qui sont si renommées par le nombre de momies qu'elles contiennent. Il désirait beaucoup voir un fameux sarcophage qui était dans l'une d'elles; il se dirigea de ce côté. Vous savez ce que c'est que des momies?

ALPHONSE : Les momies sont des cadavres qui ont été enveloppés de bandages et de liens pour les conserver, et un sarcophage, est une espèce de bière ou de tombeau.

Mme JULIEN : Deux Arabes et un interprète accompagnèrent Belzoni; avant d'entrer dans la caverne, ils otèrent la plus grande partie de leurs habits, et une lumière à la main, il s'avancèrent dans une cavité du rocher qui s'étendait très-loin dans la montagne, quelquefois élevée, quelquefois très-étroite, et dans d'autres endroits si basse, que Belzoni et ses compagnons étaient obligés de ramper sur leurs mains et leurs genoux. Ils continuèrent d'avancer jusqu'à ce que Belzoni s'aperçut qu'ils étaient très-loin de

P. 41.

Ils s'occupèrent à enlever le sable du milieu de la façade du temple.

P. 22.

Belzoni eut enfin la satisfaction de voir son jeune memnon arriver sur les bords du nil.

l'entrée, et le chemin était si embarrassé, qu'il ne pouvait absolument compter que sur la fidélité des deux Arabes pour en sortir.

ALPHONSE : Je n'envie pas du tout sa situation, maman, tu sais que les Arabes sont quelquefois très-perfides.

Mme JULIEN : Ils arrivèrent enfin à un endroit assez large, où beaucoup d'autres trous ou cavités venaient aboutir, et après avoir examiné pendant quelque temps, les arabes entrèrent dans une de ces cavités qui était très-étroite, et continuèrent à marcher très-long-temps à travers un passage raboteux, jusqu'à ce qu'ils arrivassent à un lieu où deux ouvertures conduisaient dans l'intérieur par une direction horizontale. Un des Arabes alors s'écria : Voici l'endroit.

ALPHONSE : Oh maman ! comme j'aurais tremblé à la place de Belzoni. Pourquoi l'arabe désignait-il cet endroit particulier ? Pauvre Belzoni ! loin de la clarté du jour, dans un sombre passage hérissé de rochers, au milieu d'une triste caverne de momies, et accompagné seulement par deux arabes et un autre homme !

Mme JULIEN : Ne crains rien, mon ami, l'Arabe n'avait désigné cet endroit que comme le lieu où était déposé le sarcophage ; mais Belzoni ne pouvait concevoir qu'un monument aussi grand que le sarcophage qu'on lui avait représenté, eût pu être introduit par une ouverture aussi petite. Il ne doutait nullement que ces lieux n'eussent été des lieux de sépulture, puisqu'il voyait de tous côtés des ossemens et des crânes ; mais le sarcophage n'aurait jamais pu entrer dans une ouverture à travers laquelle il ne pouvait à peine entrer lui même. Un des arabes, cependant, y pénétra, ainsi que l'interprète, et il fut convenu que Belzoni et l'autre Arabe attendraient leur retour. Belzoni les vit s'avancer très-loin dans ces cavernes, car leurs lumières disparaissaient par degrés, et on n'entendait plus que le son confus de leurs voix. Au bout de quelques instans, on entendit un grand bruit, et l'interprète s'écria distinctement : Oh ! mon Dieu, mon Dieu, je suis perdu ! un silence effrayant succéda tout-à-coup.

ÉMILIE : Oh ! maman, quelle affreuse position ! il est donc réellement perdu !

Mme Julien : Belzoni demanda à l'Arabe qui était avec lui s'il avait jamais été dans ces lieux. Il répondit qu'il ne les avait jamais vus.

Emilie : Je crois, maman, que ce que Belzoni avait de mieux à faire, était de s'en retourner pour chercher du secours parmi les autres Arabes.

Mme Julien : C'est ce qu'il voulait faire; mais quand il pria l'homme de lui montrer le chemin, l'Arabe lui répondit qu'il ne le connaissait pas. Il appela l'interprète. Point de réponse. Partout le silence de la mort. Il regarda long-temps autour de lui; aucune lumière ne paraissait et la sienne était prête de s'éteindre.

Alphonse : Voilà bien tout-à-fait une aventure! mais je crains bien que ces Arabes n'aient quelque dessein contre la vie de notre bon voyageur; ne crois-tu pas, maman, qu'il ferait bien de chercher lui-même son chemin jusqu'à l'entrée?

Mme Julien : C'est un labyrinthe immense; cependant il parvint à retrouver, au bout de quelque temps, l'endroit, où, comme je vous l'ai dit tout-à-l'heure, beaucoup de cavités venaient aboutir. Là, il se trouva encore très-embarrassé; mais enfin, en ayant aperçu une qui paraissait être droite, ils y pénétrèrent et continuèrent à marcher pendant long-temps; leur lumière paraissait devoir bientôt les laisser dans l'obscurité, et dans ce cas, leur situation eût été plus déplorable encore.

Bernard : Pourquoi Belzoni n'éteignit-il pas sa lumière pour épargner l'autre? car tu sais que l'Arabe en avait une aussi.

Mme Julien : Belzoni avait plus de prévoyance que mon petit Bernard; car, supposé que celle de l'arabe se fut éteinte par quelqu'accident, qu'aurait-il fait?

Bernard : Tu as raison, maman, j'avais oublié cela.

Mme Julien : Dans ce moment, lorsqu'ils se croyaient près de la sortie du tombeau, quelle fut leur douleur en voyant qu'il n'y avait point d'issue, et qu'il leur fallait retourner sur leurs pas, et chercher l'endroit par lequel ils étaient entrés dans cette caverne! Ils essayèrent de le regagner, mais ils étaient

Pl. 23.

Un des arabes alors s'écria: voici l'endroit.

Pl. 31.

Notre voyageur le trouva donc avec sa pipe et son café.

aussi embarrassés que jamais, et commencèrent à être, l'un et l'autre, épuisés de fatigue par les nombreuses montées et les descentes à travers lesquelles ils étaient obligés de passer. L'Arabe s'assit; mais chaque moment de délai était dangereux.

ALPHONSE : Je m'étonne qu'un homme aussi prudent que Belzoni n'ait pas pensé à mettre une marque à l'entrée de chaque caverne, à mesure qu'il les examinait; ce plan aurait pu l'aider un peu.

Mme JULIEN : C'est ce qu'il fit. Malheureusement, leur lumière ne pouvait pas durer assez long-temps pour les éclairer pendant toutes ces recherches. Cependant l'espérance ranime quelquefois au milieu des plus grands dangers, et, encouragés par elle, ils commencèrent leur opération. Dans cette seconde entreprise, en passant devant une petite ouverture, Belzoni crut entendre un bruit semblable à celui des flots de la mer; à quelque distance, ils entrèrent dans cette ouverture, et, à mesure qu'ils avançaient, le bruit semblait augmenter, jusqu'à ce qu'ils purent entendre distinctement une foule de voix parlant ensemble.

BERNARD : Quelle joie ils ont dû ressentir alors! Te rappelles-tu, Alphonse, quand tu t'étais perdu, l'été dernier, en cueillant des noisettes dans le bois? que tu fus content, lorsque tu entendis tout-à-coup la voix de papa qui t'appelait! Je suis bien sûr que Belzoni dût éprouver une joie bien plus grande encore, car, pour ma part, j'aimerais bien mieux m'égarer dans un joli bois de verdure, que dans un souterrain de momies égyptiennes! Continue, ma chère maman.

Mme JULIEN : Ils parvinrent enfin à sortir, et, à leur grand étonnement, la première personne qui se présenta devant eux fut l'interprète. Ils ne pouvaient comprendre comment il se trouvait en ces lieux. Il leur dit qu'en s'avançant avec l'arabe dans le passage dont nous avons parlé, ils arrivèrent à un précipice qu'ils ne voyaient pas, que l'arabe était tombé dedans, et, en tombant, avait éteint les deux lumières. C'est alors qu'il s'était écrié : « Mon Dieu! je suis perdu! » Car il croyait qu'il allait tomber aussi dans le précipice; mais, en levant la tête, il vit, à une grande distance, un rayon de lumière vers lequel il s'avança, et il arriva ainsi à une petite ouverture. Il d[illegible]cha alors du sable et des pierres, pour élargir la sortie, et alla donner l'alarme aux Arabes qui étaient à l'autre entrée. Ils s'étaient tous empressés de venir secourir l'homme qui était tombé au fond du précipice, et c'était ce bruit que Belzoni avait entendu dans la caverne. L'endroit par lequel l'interprète avait échappé fut en un instant élargi ; et, dans cette confusion, Belzoni s'aperçut que les Arabes connaissaient très-bien cette entrée, et qu'elle n'avait été fermée que depuis peu. Il découvrit bientôt leur stratagême. Ils avaient eu l'intention de lui montrer le sarcophage, sans lui laisser voir le chemin par lequel il pouvait être enlevé, et ensuite de demander un prix beaucoup plus considérable que leur travail ne méritait ; car le sarcophage n'était réellement qu'à cent pas de la grande entrée.

Emilie : Et c'est dans cette vue qu'ils lui avaient fait faire un si long chemin dans ces cavernes. Eh bien ! ils ont payé cher la duperie qu'ils voulaient faire ! Mais l'homme dans le précipice, maman, qu'est-il devenu ?

Mme Julien : Il en fut retiré vivant, mais tellement blessé, qu'il s'en ressentit toute sa vie. C'est ainsi que les Arabes déjouèrent leur propre projet, et apprirent, à leurs dépens, que l'intérêt personnel est presque toujours aveugle. Quand des hommes s'abaissent à de vils stratagêmes et à des tromperies, dans l'espérance de s'enrichir, ils montrent de l'artifice et non pas de la sagesse ; car, comme nous ne pouvons juger que du moment présent, sans prévoir les conséquences, il est très-probable, ainsi que nous le voyons dans cette circonstance, que nos artifices nous jetteront dans de plus grands embarras. Ces artifices, d'ailleurs, nous privent de toute confiance dans les soins protecteurs de la Providence, qui est, vous le savez, mes amis, le plus grand soutien et la plus grande consolation dans toutes les difficultés.

Bernard : Je suis bien content que Belzoni ait échappé à ce danger ! Je ne me serais jamais confié, une autre fois, à ces perfides Arabes !

Mme Julien : Eh bien ! Bernard, es-tu fâché que Laure ait continué sa pyramide, au lieu de dessiner les roues de ta petite voiture ?

BERNARD : Oh ! non, maman ; ne me parle pas de ma voiture, j'aime beaucoup mieux l'histoire que tu nous as racontée. Mais où est donc Caphany, pendant tout ce temps, avec ses cordes de palmier ?

Mme JULIEN : Deux gardes avaient été placés auprès de lui par Belzoni, et veillaient autour de lui nuit et jour. Belzoni enfin envoya chercher un bateau au Caire ; mais comme il savait qu'il ne pourrait pas arriver avant quelque temps, il forma une espèce de palissade autour du buste, et passa son temps à visiter les différentes antiquités.

EMILIE : Son courage n'avait donc pas été abattu par le danger de sa première expédition ? Il y a beaucoup de gens qui n'auraient jamais voulu, de leur vie, retourner dans ces cavernes de momies. Comment put il se garantir d'une frayeur aussi naturelle ?

Mme JULIEN : En ne l'écoutant pas.

ALPHONSE : Tu as raison. J'aime beaucoup Belzoni, parce qu'il avait un courage véritable, n'est-ce pas, maman ? Oui, un courage véritable, quoiqu'il fut un peu effrayé quand il fut resté seul, avec l'Arabe, dans cette sombre demeure ; cependant il ne se laissa pas dominer par cette crainte, elle ne l'empêcha pas d'entreprendre d'autres projets. Quand je serai homme, maman, je veux voyager, et avoir autant de constance que notre cher Belzoni !

Mme JULIEN : Mon ami, l'expérience t'apprendra que ce n'est pas une chose facile, pour quelqu'un qui ne connaît que les agrémens de la vie, de passer tout-à-coup, du sein du repos et de l'aisance, à des entreprises aussi pénibles. Belzoni résolut de remonter le Nil jusqu'en Nubie, et de laisser le buste où il était, pendant son absence. Il envoya Joseph au Caire, et paya ce qu'il devait au charron, de sorte qu'il ne restait plus qu'une petite société avec lui, et ils s'embarquèrent ensemble pour Esné.

EMILIE : Voici Esné, à quelques milles de Thèbes, si je ne me trompe : pas très-loin, du moins.

Mme JULIEN : Ils [illegible]barquèrent à temps pour voir Khalil-Bey, avec lequel ils avaient lié connaissance quelque temps aup[illegible]avant, à Soubra.

BERNARD : Qui était donc ce Khalil-Bey ? nous n'avons pas encore entendu son nom.

Mme JULIEN : Il avait été gouverneur des provinces supérieures, depuis Esnê jusqu'à Assouan.

BERNARD : Je pense qu'il reçut Belzoni avec distinction.

Mme JULIEN : Oui; il revenait de voyager dans le pays, et fut très-content de revoir Belzoni. Notre voyageur le trouva donc avec sa pipe et son café, assis sur un sopha, couvert d'un beau tapis et de coussins. Il était entouré d'un grand nombre de ses chefs, *Cacheffs* et *Santons*. Khalil-Bey était Albanien; mais son genre de vie était le même que celui des Egyptiens.

BERNARD : Comment vivent-ils donc, maman?

Mme JULIEN : L'Egyptien se lève avec le soleil, pour jouir de la fraîcheur du matin; sa pipe et sa boisson sont placées devant lui, et il se repose nonchalamment sur son sopha. Des esclaves, les bras croisés, restent, dans le silence, au fond de l'appartement, les yeux fixés sur lui, et cherchant à deviner ses moindres besoins. Ses enfans, debout en sa présence, à moins qu'il ne leur permette de s'asseoir, montrent toutes les apparences de la tendresse et du respect; il les caresse avec gravité, leur donne sa bénédiction, et les renvoie au harem. Lui seul leur adresse des questions, et ils répondent avec modestie : on ne leur permet jamais, avec leurs parens, cette familiarité dont vous jouissez.

BERNARD : Comme cette conduite nous paraîtrait étrange! Je t'assure, maman, que je serais bien malheureux s'il me fallait toujours être si sérieux et si réservé! Comment! ne pouvoir jamais parler à mon papa! Papa lui-même, j'en suis sûr, en serait moins heureux.

Mme JULIEN : Sans doute, il y a une grande différence entre ton papa et un Égyptien, mon cher enfant. Mais tu sais que l'habitude nous fait passer sur tout. Les enfans de ce pays n'ayant jamais connu le plaisir de converser avec leurs parens, et de se livrer devant eux à leur gaîté naturelle, ne peuvent gémir d'en être privés.

ALPHONSE : Il paraît, maman, qu'un père, en Egypte, est à la fois le chef, le juge et le pontife de sa famille! Mais reste-t-il donc tout le jour couché sur son sopha?

Mme JULIEN : Le déjeûner fini, il se livre aux occupations de son état ou de sa charge. Quand des per-

P. 29

La lumière de ce feu avait guidé notre voyageur intrépide vers leur île.

P. 143.

L'animal féroce parut changer son intention; tout à coup il poussa un nouveau cri et s'enfuit aussi vite qu'il put.

sonnes viennent le voir, il les reçoit sans compliment, mais avec cordialité. Ses égaux sont assis auprès de lui, les jambes croisées. Ses inférieurs se mettent à genoux, et se reposent sur leurs talons.

BERNARD : Ah! voilà précisément comme les petits habitans de la Laponie se placent autour du feu, dans leurs cabanes.

Mme JULIEN : Les personnes de distinction ont ordinairement une place sur un sopha plus élevé que les autres, et d'où elles peuvent voir la société. Quand tout le monde est placé, les esclaves apportent des pipes et du café, et posent le brasier parfumé au milieu de la chambre : au bout de quelques instans, l'air est embaumé d'une odeur délicieuse. On sert ensuite des sucreries et le sorbet. Vers la fin de la visite, un esclave, portant un plat d'argent sur lequel brûlent des essences précieuses, fait le tour de la société : chacun, à son tour, se parfume la barbe, et ensuite se verse de l'eau de rose sur la tête et sur les mains. Ceci est la dernière cérémonie, et les hôtes peuvent se retirer ensuite. Vers le milieu du jour, la table est servie, et les rafraîchissemens sont apportés dans un grand vase de fer-blanc ; et quoiqu'il n'y ait pas beaucoup de variété, il y a toujours grande abondance. Au milieu de la table est ordinairement placé un plat de riz, et de la volaille bien assaisonnée d'épices et de safran. Autour de ce plat, on sert des viandes en hachis, des pigeons, des concombres farcis, des melons et des fruits délicieux. Les hôtes s'asseyent sur un tapis, autour de la table : un esclave apporte de l'eau d'une main, et une cuvette dans l'autre, pour se laver. Ceci est une cérémonie indispensable dans un pays où chacun met la main dans le plat, et où l'usage des fourchettes est inconnu : on fait la même chose quand le repas est terminé. Après le dîner, ils se retirent au harem, où ils se reposent pendant quelques heures au milieu de leurs femmes et de leurs enfans.... Telle est la vie ordinaire des Egyptiens.

LAURE : Quelle manière monotone de passer son temps! Ils paraissent ne rien connaître de nos plaisirs intellectuels, leurs jours s'écoulent en répétant continuellement les mêmes choses, en suivant les mêmes coutumes, sans avoir un seul désir ou une seule pensée qui puisse un moment les distraire. Oh! maman, toi qui aimes tant l'énergie et l'activité, que dis-tu de leur excessive indolence?

Mme Julien : Rappelle-toi, mon amie, que, pendant neuf mois de l'année, leur corps est épuisé de chaleur; et que, si l'inaction est pénible dans un climat tempéré, là le repos est une jouissance. L'Égyptien naît dans cette indolence efféminée; elle croît avec lui et l'accompagne jusqu'au tombeau. C'est elle qui guide ses inclinations et gouverne ses actions; et loin de désirer à chaque moment d'acquérir des connaissances nouvelles et d'agrandir ses facultés morales, il ne soupire qu'après le calme et la tranquillité.

Alphonse : Hé bien, maman, j'excuserai encore l'indolence de ces Egyptiens, à cause de la chaleur accablante à laquelle ils sont exposés pendant les deux tiers de l'année. Je sais que la chaleur abat et décourage : je me rappelle moi-même qu'après avoir été mardi dernier avec Frédéric, couper les foins, je revins le soir si accablé de fatigues, que je fus obligé de me coucher sur le sopha, dans la salle à manger, tandis que mes cousins s'amusaient à considérer le portefeuille de papa, dans la bibliothèque. J'aurais bien désiré cependant être avec eux. Mais retournons maintenant, si tu veux, à Belzoni. Nous l'avons laissé à Esnê, avec Khalil-Bey.

Mme Julien : Après avoir fumé quelques pipes et bu quelques tasses de café, il quitta le bey et retourna à son bateau. Le jour suivant ils continuèrent leur voyage, et arrivèrent à Edfu, où Belzoni voulut débarquer pour voir le temple qui pouvait être comparé à celui de Tentyra. Après l'avoir considéré avec attention, ils allèrent à Onbos. Les ruines qu'ils trouvèrent dans ces lieux leur donnèrent une idée assez précise de ce que la ville a autrefois été. La petite société se remit en route, et avant d'arriver à Assouan, s'arrêta sur le bord occidental du Nil. Le pays, dans cet endroit, leur présenta le plus beau spectacle qu'ils eussent vu depuis qu'ils avaient quitté les chaînes de montagnes. Des forêts de palmiers croissent de chaque côté du fleuve, et des terrains cultivés s'étendent depuis le Nil jusqu'aux montagnes. La vieille ville d'Assouan est située au sommet d'une montagne qui domine sur le fleuve; à gauche on voit une forêt de palmiers qui cache la ville moderne, et à droite, on aperçoit, dans le lointain, une montagne de granit qui forme la première des cataractes si célèbres en Egypte. L'île de l'Eléphantine

P. 19.

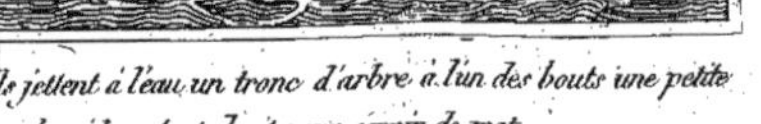

Ils jettent à l'eau un tronc d'arbre à l'un des bouts une petite perche s'élève tout droit pour servir de mat.

P. 30.

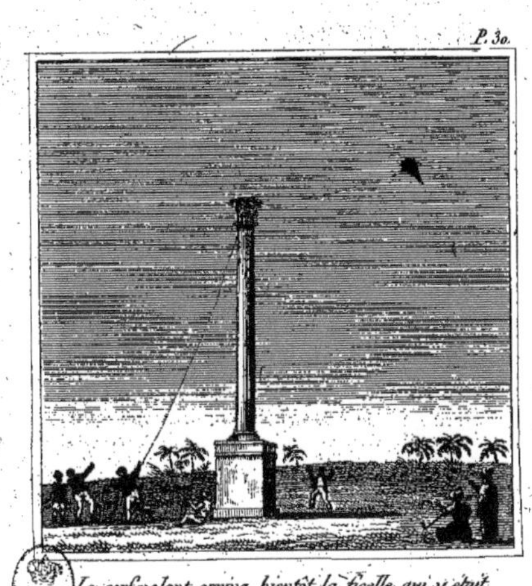

Le cerf-volant arriva, bientôt la ficelle qui y était attachée vint s'arrêter sur le sommet.

semble se mêler à l'ouest et faire oublier la stérilité de ses bords, en couvrant le pays d'une foule d'arbres variés. Nos voyageurs débarquèrent au pied d'une montagne sur la gauche du Nil, et allèrent voir les ruines d'un couvent sur un rocher élevé; ils observèrent beaucoup de grottes qui avaient servi de chapelles pour les cérémonies chrétiennes. Le couvent se compose de plusieurs petites cellules en formes d'arches, séparées les unes des autres, et domine sur la cataracte, et le pays qui l'avoisine, ainsi que sur la partie inférieure du Nil.

BERNARD : Qu'entends-tu par granit, ma chère maman?

Mme JULIEN : C'est une espèce de pierre composée de gros minéraux joints ensemble. Quand Belzoni arriva au bateau, le soleil frappait l'horizon de ses derniers rayons, et les ombres des montagnes, à l'ouest, avaient déjà passé le Nil et couvert la ville; il trouva l'Aga (officier du gouvernement turc) et toute sa suite, assis sur un tapis, sous une haie de palmiers, auprès du fleuve.

ALPHONSE : Ah! je parierais que l'Aga est à fumer sa pipe et à boire son café, suivant l'usage, et à parler de chameaux, de chevaux, d'ânes, de caravanes ou de bateaux. Il n'y a, dans ces conversations, rien de bien sublime, rien de bien spirituel.

BERNARD : Est-ce que Belzoni avait quelque chose à faire avec cet Aga, maman?

Mme JULIEN : Oui, il s'était adressé à lui pour trouver un bateau qui le transportât en Nubie, et il lui présenta, pour le disposer en sa faveur, du tabac, du savon et du café, qui furent acceptés avec joie. Cet officier était un homme très-intéressé, et demanda un prix considérable pour le bateau; cependant il s'engagea à en préparer un dans un jour ou deux. Le lendemain matin, Belzoni alla voir l'île de l'Eléphantine; il traversa le Nil sur une petite barque faite de branches de palmier attachées ensemble avec de petites cordes et couvertes à l'extérieur d'une natte enduite de poix. Ce qui attira principalement son attention, ce fut un temple, d'un grande antiquité, bâti sur des rochers de granit bleu. Sur le bord de l'île, à l'ouest, s'élèvent beaucoup d'arbres de casse et des sycomores. Ayant satisfait sa curiosité, il s'en retourna; et comme le bateau de l'Aga était maintenant prêt, il se décida à remonter le Nil jusqu'à la

seconde cataracte, en attendant que le bateau qui devait transporter son buste colossal, pût arriver du Caire. Ils s'embarquèrent donc, et le lendemain matin, long-temps avant le lever du soleil, Belzoni se tenait à la poupe, attendant les premiers rayons de l'aurore pour découvrir la superbe île de Philoé, et il éprouva la plus grande satisfaction en considérant rapidement ses ruines, sans pouvoir cependant s'arrêter à les considérer avec détail; car il espérait revenir de ce côté; cependant il remarqua plusieurs globes de pierre, et un obélisque qu'il se promit d'enlever à son retour.

EMILIE : Voici Philoé, maman, au milieu du Nil, un peu au sud d'Assouan.

Mme JULIEN : Comme le vent était favorable, ils se remirent en route, et arrivèrent, dans l'espace de quelques jours, à Deir.

EMILIE : Mon petit doigt est arrivé à Deir aussi, maman, c'est la capitale de la Nubie-Inférieure.

Mme JULIEN : Cette ville consiste en plusieurs groupes de maisons bâties de terre entremêlée de pierres et couvertes de jonc.

BERNARD : Oh! maman, c'est à-peu-près comme les petites cabanes de bambou, au Pérou. Mais sont-elles bien grandes?

Mme JULIEN : Elles ont ordinairement huit ou dix pieds de haut. Le salon dans lequel vous êtes en ce moment, est à-peu-près de cette hauteur. Au pied de la montagne couverte de rochers, est un petit temple; mais Belzoni ne put aller le voir, parce qu'il observa qu'il était strictement gardé.

BERNARD : Pourquoi était-il donc gardé ainsi, maman?

Mme JULIEN : Tu vas l'apprendre. Belzoni se rendit aussitôt chez Hassan Cacheff, qui le reçut avec un air de curiosité et de soupçon, et voulut connaître ce qu'il venait faire dans ce pays. Belzoni lui dit qu'il remontait le Nil, seulement pour rechercher des antiquités, et qu'il désirait continuer sa route jusqu'au Shellah, c'est-à-dire la seconde cataracte. Le cacheff lui dit que cela était de toute impossibilité; car les habitans de la contrée supérieure étaient alors en guerre les uns avec les autres; il ordonna ensuite qu'on lui apportât sa natte; s'assit devant la porte de sa maison, et invita Belzoni à s'asseoir également. La première question qu'il lui fit, fut de lui demander s'il avait du café. Belzoni répondit qu'ils en avaient un peu, à bord, pour leur usage particulier, mais qu'il lui en donnerait la moitié. Le cacheff demanda ensuite du savon et reçut la même réponse; il voulut savoir s'il avait du tabac : Belzoni lui dit qu'il lui en restait encore quelques pipes, et qu'ils les fumeraient ensemble. Hassan Cacheff fut très-satifait de ces réponses; il voulut s'informer encore s'il avait de la poudre : Belzoni lui dit qu'ils en avaient très-peu, et ne pouvaient s'en priver. Hassan sourit et mettant sa main sur l'épaule de Belzoni, il lui dit : Vous êtes Anglais et vous pouvez faire de la poudre partout où vous allez.

Alphonse : Je pense que Belzoni fut content de l'entendre parler ainsi; et je crois qu'il ferait mieux de le quitter maintenant, avant que ce cacheff intéressé et importun lui fasse encore quelques demandes.

Mme Julien : Ils n'ont pas encore fumé leur pipe, mon ami; cependant le tabac venait d'être apporté et l'opération commença. Hassan soutenait toujours que les soldats de Belzoni ne pouvaient entrer plus avant dans le pays. Notre voyageur, qui ne voulait pas ainsi abandonner son entreprise, employa toute sorte de prières, et, enfin, lui dit franchement, que s'il voulait lui permettre de continuer son voyage, il lui ferait présent d'un très-joli miroir. Hassan lui répondit : Nous parlerons de cela demain, et l'infatigable Belzoni s'en retourna à son bateau.

Alphonse : Le miroir était sans doute une nouveauté pour le cacheff, maman?

Mme Julien : Oui, mon ami; Belzoni revint le voir le lendemain matin de bonne heure, et lui dit que le miroir était prêt à lui être présenté, s'il voulait lui donner une lettre de recommandation pour son frère à Ybsambul. Le cacheff y consentit à la fin.

Bernard : Et ainsi, Hassan crut que son miroir était un bien grand trésor! mais pourquoi Belzoni avait-il donc emporté un miroir avec lui?

Mme Julien : Avant son départ du Caire, il avait eu soin de prendre toutes les informations possibles sur le pays de la Nubie. Des habitans qui venaient dans cette ville apporter des dattes et du charbon, lui avaient appris qu'un miroir et des chapelets étaient aussi précieux dans la Nubie, que l'or et les diamans le sont pour nous.

Bernard : Le miroir du cacheff était-il bien grand? je pense qu'il s'y admira beaucoup.

Mme Julien : Il avait environ douze pouces carrés, et surprit beaucoup les habitans de ce pays qui n'en avaient jamais vu d'aussi grand.

Le cacheff ne pouvait se lasser d'admirer sa figure olivâtre; et toute sa suite, derrière lui, essayait de se regarder, à la dérobée, dans cette glace.

Belzoni étant rentré dans son bateau, s'avança le long du Nil, jusqu'à Ybsambul, où deux temples attirèrent son attention. Il faut que je vous les décrive, parce qu'ils furent l'objet d'un autre voyage. Sur la façade du plus petit, se trouvaient six figures colossales de trente pieds de haut, et taillées dans le roc; à l'entrée du grand temple, il vit une figure d'une grandeur énorme, mais dont tout le corps était couvert de sable, à l'exception de la tête et des épaules qui étaient d'une exécution parfaite. Sur la partie supérieure, c'est-à-dire sur la frise du temple, était une ligne hyérogliphique qui couvrait toute la façade, et au-dessus on voyait une multitude de figures assises et de grandeur naturelle. Au nord, le sable amoncelé sur le rocher qui dominait le temple, après être graduellement descendu jusqu'à sa façade, arrêtait l'entrée et couvrait les deux tiers de l'édifice. Quand Belzoni se fut approché de ce temple, l'espérance qu'il avait formée d'y entrer, s'évanouit tout-à-fait, car le sable y était amoncelé en si grande quantité, qu'il paraissait de toute impossibilité de parvenir jusqu'à la porte. Il monta sur une montagne de sable formée sur la partie supérieure du temple, et trouva la tête d'un faucon, dont le cou seul paraissait au-dessus du sable.

D'après la position de cette figure, il fut porté à penser qu'elle se trouvait placée directement au-dessus de la porte, mais c'était pour parvenir jusqu'à cette porte qu'était la grande difficulté.

Alphonse : Oui, sans doute, car il fallait enlever le sable de manière à le faire tomber de la façade de la porte; mais il était à craindre que le sable qui se trouvait au-dessus ne continuât à tomber, et ne couvrît tous les endroits à mesure que l'on en retirerait le sable; ce qui eût été un travail interminable.

LAURE : Outre cela, les habitans étaient comme un peuple sauvage, et ne savaient pas ce que c'est que de travailler pour de l'argent; l'argent même leur était tout-à-fait inconnu.

Mme JULIEN : Toutes ces difficultés paraissaient si insurmontables, qu'elles firent renoncer Belzoni quelque temps à son projet; cependant son activité, excitée par l'espérance, lui présenta tant de moyens, qu'à la fin, après beaucoup de fatigues, et deux voyages entrepris dans ces lieux, il eut la satisfaction d'entrer dans le temple d'Ybsambul.

BERNARD : Voyons maintenant ses aventures! Je voudrais bien savoir s'il y a aussi des caveaux de momies à Ybsambul?

Mme JULIEN : Par différens calculs, Belzoni découvrit que la porte dont nous avons parlé, devait être environ à trente-cinq pieds sous le sable, et ayant mesuré avec beaucoup de soin la façade du temple, il pensa que s'il pouvait engager des hommes à y travailler avec énergie, il pourrait réussir dans son entreprise.

EMILIE : Qui était cacheff d'Ybsambul, maman? Je crois que notre cher Belzoni ne ferait pas mal de s'adresser d'abord à lui.

Mme JULIEN : Oui, mon amie. C'est cette raison qui l'empêcha d'examiner le petit temple cette nuit là même; il suivit la route entre les rochers où ce temple a été taillé, et arriva sur les bords du Nil où il s'embarqua, et parvint bientôt au village. Une foule de peuple qui était assemblée sous un bosquet de palmiers, parut assez surprise de l'arrivée d'un étranger. Belzoni demanda à voir Osseyl Cacheff, leur disant qu'il avait une lettre pour lui de la part de son frère.

EMILIE : De la part du cacheff de Deir, n'est-ce pas maman?

Mme JULIEN : Oui. Il ne reçut pas d'abord de réponse, mais enfin on lui dit que celui qui était assis était Daoud, son fils. C'était un homme d'environ cinquante ans, revêtu d'une robe d'un bleu-clair, avec un mouchoir blanc sur la tête, en forme de turban. Il était assis par terre sur une vieille natte, une longue épée et un fusil étaient auprès de lui, et environ vingt hommes l'entouraient, bien armés de sabres, de lances et de boucliers.

Daoud Cacheff demanda à Belzoni quelle affaire l'amenait dans ces lieux? Il répondit qu'il avait une lettre adressée à son père, et qu'il venait dans ce pays chercher des pierres antiques. Daoud sourit, et lui dit que, quelques mois auparavant, un autre homme était venu du Caire à la recherche d'un trésor, et avait emporté une grande quantité d'or dans son bateau; que lui, Belzoni, venait sans doute dans la même intention, et non pas pour prendre des pierres. « Qu'avez-vous besoin de pierres, s'écria Daoud, si ce n'est pour en retirer de l'or? »

BERNARD : Je crains bien que Belzoni ne puisse pas convaincre facilement Daoud. Comment s'y est-il pris, maman?

Mme JULIEN : Très-habilement. Il dit à Daoud que les pierres qu'il désirait enlever n'étaient que des restes de statues mutilées appartenant à l'ancien peuple juif, et que son but, en venant les chercher, était de savoir si nos ancêtres descendaient de ce pays. Daoud lui demanda alors où il voulait chercher ces pierres. Belzoni lui dit que dans le rocher se trouvait une porte, qu'en enlevant le sable on pourrait entrer dans le temple, et peut être trouver beaucoup de pierres, et que, dans cette intention, il désirait le faire ouvrir. Il eut beaucoup de difficulté à faire comprendre à Daoud le prix de l'argent; car ce peuple n'en avait encore jamais entendu parler, ayant toujours été accoutumé à faire des échanges pour les différens objets dont il avait besoin. Heureusement Daoud, enfin, consentit à trouver des ouvriers, si Belzoni voulait leur donner deux piastres par jour à chacun. La condition fut acceptée.

ALPHONSE : Eh bien, maman, ce Daoud était un peu plus raisonnable que son oncle Hassan, qui exigea tant de présens avant de vouloir permettre à Belzoni de continuer son voyage. Mais il reste maintenant à obtenir le consentement d'Osscyl Cacheff, père de Daoud.

Mme JULIEN : C'était là la plus grande difficulté; il vivait à Eshké, à un mille et demi en remontant le Nil. Pour s'assurer sa protection (car la protection dans ce pays peut s'acheter par des présens), Belzoni lui envoya du riz, du sucre et du tabac; et reçut à bord de son bateau, le soir, un peu de lait aigre et du gâteau fait de pain de dhourra.

BERNARD : Qu'est-ce que c'est que le dhourra, maman?

Mme JULIEN : C'est le bled ordinaire d'Egypte, mon ami. Le pain se cuit sur une pierre plate, relevée un peu à chaque coin, de manière à pouvoir mettre du feu dessous : la pâte, qui est tendre, étant placée sur cette pierre, s'étend en un instant; aussitôt qu'un gâteau est cuit, on en fait un autre de la même manière, et ainsi de suite, et ce pain de dhourra forme la nourriture ordinaire du pays.

EMILIE : Ce pain se fait à peu près de la même manière que la femme du pêcheur que nous avons vue l'autre jour, faisait cuire ses gâteaux d'avoine. Te le rappelles-tu, Bernard?

BERNARD : Je le crois bien : les enfans du pêcheur m'ont appris à attraper des poissons, tandis que vous étiez occupés à regarder la femme qui faisait cuire ses gâteaux.

Continuez, maman. Je voudrais savoir la réponse que le cacheff a faite à Belzoni?

Mme JULIEN : Ils allèrent le lendemain matin à sa demeure à Eshké : on leur dit qu'il n'y était pas dans ce moment, et qu'il ne reviendrait que dans quelques jours. Ceci fut pour eux un contre-temps assez désagréable; mais comme M. et Mme Belzoni ne désiraient pas retourner à Ybsambul sans avoir eu une entrevue avec lui, ils se dirigèrent vers la seconde cataracte, et deux jours après avoir quitté Eshké, à neuf heures environ du matin, ils débarquèrent sur le rivage, aussi près qu'ils le purent, du dernier pays cultivé qui se trouve sur la gauche.

EMILIE : Je viens de trouver la position de la seconde cataracte, et le pays dont tu nous parles, maman, doit être Wadyhalfa.

Mme JULIEN : Quelques-uns des habitans vinrent voir les étrangers, et à la demande de Belzoni, ils lui amenèrent aussitôt des ânes pour aller jusqu'à la seconde cataracte; et maintenant, Bernard, place-toi sur ton petit bidet et imagine-toi que tu es de la partie. Avance avec eux vers la cataracte, et regarde les différentes perspectives qui se présentent sur tous les points; monte sur les rochers, et contemple ces immenses déserts de sable; observe les gazelles sauvages qui voltigent sur les éclats de rocher, et après avoir admiré la vue majestueuse qu'offre la cataracte, maintenant que le soleil est près de se coucher, retourne à la petite barque.

BERNARD : Et de là, maman, où irai-je?

Mme JULIEN : Tu peux accompagner M. et Mme Belzoni, qui se dirigèrent aussitôt vers l'île de Mainarty, où ils arrivèrent le soir même. Ils aperçurent de loin des hommes, et des feux allumés; mais, à leur débarquement, ils ne virent personne. Toutes les cabanes étaient désertes; on y avait laissé toutes les provisions, qui ne consistaient, il est vrai, qu'en dattes sèches, et une espèce de pâte légère, que les habitans conservent dans de grands vases d'argile, cuits au soleil, et recouverts de paniers faits avec des feuilles de palmier : un four à cuire et une natte pour se coucher formaient tout leur ameublement.

ALPHONSE : Ah! ils s'attendaient peu à recevoir une visite dans ce moment. Ils étaient, sans doute, de bien honnêtes gens eux-mêmes, puisqu'ils ne soupçonnaient pas leurs voisins; mais, maman, cette île est-elle bien grande?

Mme JULIEN : L'île entière n'a environ que la huitième partie d'un mille en longueur et la moitié en largeur. La population ne consistait qu'en quatre hommes et sept femmes avec deux ou trois enfans. Ils n'ont aucune communication avec le reste du pays, excepté quand l'eau est basse; car dans tout autre temps, le courant se trouvant juste au-dessous de la cataracte, est si rapide, qu'il est impossible de l'aborder, ce qui fait que les bateaux ne vont jamais vers cette île. Les habitans de ce pays sont pauvres, mais heureux; ils ne connaissent point les vaines splendeurs du monde, et se contentent de ce que la Providence leur accorde pour récompenser leur industrie. Ils ont quelques brebis et quelques chèvres qui leur fournissent du lait; le terrain qu'ils ont est cultivé partout, et produit un peu de dhourra, ce qui forme, vous le savez, leur principale nourriture. Ils s'occupent souvent à filer la laine de leurs brebis, ils attachent le fil autour de petites pierres, et ensuite les suspendent à un long bâton fixé dans une position horizontale entre deux arbres, pour former un tissu; et en passant successivement un autre fil entre ceux qu'ils ont déjà tissus, ils fabriquent ainsi une espèce de gros drap dont ils font leurs habillemens.

EMILIE : Quand nous avons été surpris par l'orage, l'été dernier, nous entrâmes dans la chaumière du tisserand au bout du parc; je comprends ce que l'on entend par le tissu : ce plan est encore plus simple que celui de notre tisserand. Mais comment font-ils pour passer la trame, maman? tu ne nous as pas dit qu'ils aient une navette. J'aimerais bien à demeurer à Mainarty! mais où étaient donc les habitans pendant tout ce temps?

Mme JULIEN : Il faisait tout-à-fait nuit quand Belzoni avait aperçu ce peuple pauvre, mais véritablement heureux. Ils avaient allumé du feu pour faire cuire leur pain, et la lumière de ce feu avait guidé notre voyageur intrépide vers leur île. Ils avaient sans doute été effrayés en l'apercevant de loin; car ils s'étaient tous cachés dans un trou sous les ruines d'un vieux château, qui est au sud de cette île, et quand il s'avança vers eux, les femmes jettèrent un grand cri.

Belzoni avait avec lui un habitant de Nubie qui savait parler leur langue, et qui parvint à les tranquilliser; mais il ne put engager qu'un seul homme à sortir du trou.

BERNARD : Pourquoi avaient-ils donc si peur? quelle plaisante chose de les voir se cacher dans ce trou! Ils ont l'air de jouer à cache-cache.

Mme JULIEN : Quelques années auparavant, des voleurs de Wadyhalfa étaient descendus sur leur côte pendant la marée, et leur avaient fait tout le mal qu'on pouvait faire à un peuple aussi pauvre. C'est ce souvenir qui leur avait fait craindre un nouveau pillage. Les étrangers leur assurèrent qu'ils n'étaient pas des voleurs de Wadyhalfa, et qu'ils ne venaient que pour prier quelques-uns d'entre eux de leur montrer le chemin vers la cataracte. A cette nouvelle, ils furent encore plus allarmés qu'auparavant, et répondirent à Belzoni que jamais les bateaux n'osaient aller plus loin que Wadyhalfa, qu'il était impossible d'avancer à cause de la quantité de rochers dont les îles voisines étaient hérissées. Cependant, deux des habitans se décidèrent à accompagner nos voyageurs le lendemain matin, et à les guider vers la cataracte aussi loin que les bateaux pourraient aller.

BERNARD : Comme notre cher Belzoni est courageux !

Mme JULIEN : Suivant la convention, ils allèrent à bord avec un grand vent de nord; ils avancèrent, dans leur petite barque, jusqu'à ce qu'ils se trouvèrent tellement balottés par la violence des courans et des tourbillons, qu'ils ne pouvaient continuer leur route; et en même temps dans une telle position, qu'ils n'osaient retourner sur leurs pas, de peur d'être poussés sur quelques-uns des rochers qui les menaçaient de toutes parts.

EMILIE : Les voilà encore dans une bien triste situation ! sans pouvoir avancer ni reculer; heureusement encore qu'il n'y a point de perfides Arabes avec eux.

Mme JULIEN : Ils furent retenus dans le même endroit pendant une heure entière. Quelquefois ils étaient emportés à cent pas, et tout-à-coup ils étaient arrêtés et repoussés en dépit de tous leurs efforts et du vent du nord qui soufflait très-violemment. Enfin leur barque fut soudainement enveloppée dans un des tourbillons et poussée contre la pointe d'un rocher caché à deux pieds, environ, sous la surface de l'eau. Le choc fut terrible : il est impossible de décrire les sensations de Belzoni, dans ce moment; car il crut que le bateau venait de se briser, et sa chère épouse, l'objet de sa plus tendre sollicitude, était à bord avec lui. S'il avait été seul, il aurait pu nager jusqu'au rivage, mais il ne voyait pas, pour elle, de possibilité d'échapper à ce danger. Cependant, sa confiance dans la protection de la Providence ne l'abandonna pas dans cette circonstance. Ils s'aperçurent bientôt que leur position n'était pas aussi périlleuse qu'ils l'avaient cru d'abord, et qu'en franchissant le rocher sur lequel ils étaient, ils pourraient parvenir à l'autre bord. Ils redoublèrent donc d'efforts, et débarquèrent aussitôt que possible, pleins de joie d'avoir échappé à d'aussi grands dangers. Ils furent obligés de continuer leur route à pied, emportant avec eux des provisions et de l'eau; ils s'avancèrent de rocher en rocher, sur une plaine de sable et de pierres, jusqu'à ce qu'enfin ils arrivèrent à un rocher appelé Aspir, qui est le plus grand auprès de la Cataracte, et d'où l'on peut voir facilement toutes les chûtes d'eau.

Emilie : Maintenant, sans doute, nos admirateurs des beautés de la nature sont bien récompensés de leurs peines, car il me semble que cette vue devait être magnifique.

Mme Julien : Belzoni assure que c'était un spectacle enchanteur. Des milliers d'îles de différentes formes et de différentes grandeurs, d'innombrables chûtes d'eau se précipitant impétueusement vers la mer, tandis que des courans opposés les repoussaient avec une égale rapidité; la couleur noirâtre des pierres, la verdure des arbres dispersés au milieu de petites îles, et la blancheur de l'écume qui tombait en bouillonnant de ces innombrables cascades, formaient un tableau que l'on ne peut décrire. Après avoir contenté leur curiosité, nos voyageurs revinrent par une petite route à Ybsambul.

Bernard : C'est là, maman, si je ne me trompe, c'est là que sont les temples, et nous allons savoir maintenant comment Belzoni parvint à persuader aux habitans de les ouvrir; nous saurons aussi la réponse qu'il reçut d'Osseyl Cacheff qui, je pense, doit être maintenant revenu.

Mme Julien : Belzoni se rendit immédiatement chez son fils Daoud, qui lui présenta une lettre de son père, et envoya chercher les hommes qui avaient été choisis pour les travaux. Ces hommes étaient tout-à-fait sauvages et ne connaissaient aucune espèce de travail. Cependant, d'après les ordres qu'ils reçurent, ils commencèrent leur entreprise, et s'occupèrent à enlever le sable du milieu de la façade du temple, où Belzoni supposait que la porte devait être.

Bernard : Avaient-ils des bêches, pour creuser dans le sable?

Mme Julien : Non, mon ami, ils n'avaient pas de bêches; mais un grand bâton avec un morceau de bois en forme de croix au bout, et à chacune des extrémités il y avait une corde.

Bernard : Je comprends, maman; deux hommes placés vis-à-vis l'un de l'autre, se poussaient et se retiraient le bâton tour-à-tour. Ce plan réussit-il?

Mme Julien : Oui : ils trouvèrent cette méthode extrêmement utile pour écarter le sable, et comme c'était le premier jour de leur travail, ils réussirent beaucoup mieux que Belzoni ne l'avait espéré. Ils ne pensaient et ne parlaient que de la quantité d'or, de perles et de pierres précieuses qu'ils trouveraient dans ces lieux.

Laure : Il est très-heureux qu'ils aient eu de telles espérances, maman, parce que c'était pour eux autant de raisons de continuer leur travail avec ardeur.

Mme Julien : Oui, sans doute, ils continuèrent ainsi pendant plusieurs jours, mais comme ils n'avaient jamais connu, auparavant, le prix de l'argent, leur désir de l'obtenir n'avait maintenant plus de bornes; ils en demandaient plus que Belzoni ne leur en avait promis. Les autres habitans commencèrent aussi à en désirer, et venaient en si grand nombre que si Belzoni avait voulu les employer tous, il n'aurait jamais pu les payer. Ils brûlaient d'envie de voir l'intérieur du temple, et de piller tous les trésors qu'il pouvait renfermer; ils firent entendre à Belzoni que tout ce qui était dans cet édifice était leur propriété, et qu'ils auraient soin de s'en emparer. C'est en vain qu'il s'efforça de leur assurer qu'il ne s'attendait à y trouver autre chose que des pierres, et qu'il n'avait pas besoin de trésor; ils soutenaient toujours que s'il voulait emporter les pierres, c'est que le trésor était caché dedans, et que s'il pouvait en prendre une copie, il pourrait bien aussi en retirer les trésors sans qu'ils s'en aperçussent.

Alphonse : Ils avaient, toutefois, une grande idée des talens de Belzoni, en même temps qu'une incroyable superstition!

Mme Julien : Les uns proposèrent que, si l'on découvrait quelque figure, il faudrait la briser, avant de la laisser emporter, afin d'en examiner l'intérieur.

Alphonse : Comment ce pauvre Belzoni n'était-il pas découragé de ces obstacles continuels? à quoi lui servait-il de se donner tant de peine, pour satisfaire la curiosité de ces sauvages intéressés, puisqu'il ne pouvait pas même dessiner le plan des statues et des édifices, encore bien moins emporter aucun des objets qu'il pourrait trouver. Je t'assure, maman, que dans des circonstances pareilles, cela ne diminuerait en rien la bonne opinion que j'ai de l'activité, de la patience de Belzoni, si je le voyais renoncer, maintenant, à ouvrir le temple. Je ne peux souffrir de le voir ainsi perdre tout son temps sans aucun fruit.

Mme Julien : D'après la lenteur des travaux, ou plutôt d'après l'immense quantité de sable accumulé devant le temple, Belzoni s'aperçut que son entreprise exigerait plus de temps qu'il n'en pouvait sacrifier, alors, à son achèvement. Cependant il aurait persévéré, si un obstacle plus puissant encore, ne s'était présenté.

Bernard : Quel est donc cet obstacle, maman ?

Mme Julien : Quelques jours auparavant, l'argent était pour ces hommes un métal inconnu, qu'ils méprisaient même, et maintenant Belzoni ne pouvait, sans ce métal, espérer de faire continuer ses travaux ; l'argent, qui, dans toute l'Europe, excite l'avarice et rend les hommes égoïstes, avait déjà, dans ces lieux, exercé son pouvoir ordinaire.

Alphonse : La phrase que je répétais dans ma leçon latine, ce matin, vient ici tout à propos : « L'amour de l'argent augmente à mesure que l'argent augmente lui-même. »

Bernard : Mais peut-être, maman, que Belzoni était plus près de la porte qu'il ne croyait ; il ne pouvait pas voir à travers le sable. J'aurais voulu le voir rencontrer des aventures dans ce temple ; et, pour ma part, je n'aime pas qu'il abandonne ainsi son projet.

Mme Julien : Je vais te dire comment il s'y prit. Il fit apporter de l'eau du Nil, et la versa tout auprès de la porte.

Alphonse : Ah ! ah ! excellente méthode ! je le reconnais bien là, l'ingénieux Belzoni ! l'eau devait empêcher le sable de tomber, jusqu'à ce qu'il eût fait un trou assez profond pour voir s'ils étaient près de la porte. Oh ! j'espère que oui. Il avait conjecturé d'abord que le sable devait avoir environ trente pieds de profondeur ; et combien de pieds en ont-ils enlevé, maman ?

Mme Julien : Ils avaient enlevé assez de sable pour découvrir vingt pieds du temple ; mais, par le trou qui fut fait, Belzoni s'aperçut qu'il serait retenu, avant d'atteindre jusqu'à la porte, plus de temps qu'il ne pouvait rester, et que cette entreprise, d'ailleurs, lui coûterait plus d'argent qu'il n'en pouvait dépenser alors, quoique les statues colossales, au-dessus de la porte, fussent déjà complètement découvertes. Il obtint donc du cacheff que personne ne toucherait à ce monument jusqu'à son retour (qui devait probablement être dans quelques mois), et, se contentant de faire une marque à l'endroit où était le sable au commencement de son entreprise, il dessina une vue de l'extérieur du temple, et le quitta dans la ferme intention de revenir un jour achever de l'ouvrir.

Emilie : C'était sans doute agir avec beaucoup de prudence et de jugement; mais je crains bien que ces hommes intéressés, qui ont travaillé pour lui, n'ouvrent le temple pendant son absence. Cependant où est-il allé ensuite, et quand est-il retourné auprès du jeune Memnon, que nous avons laissé, depuis long-temps, environné de terre et de cordes de palmier?

Mme Julien : Ils partirent dans le bateau, et, descendant rapidement le Nil, ils arrivèrent, au bout de quelques jours, à Shellal.

Emilie : Mon petit doigt le suit rapidement aussi, maman; et voilà, sur la carte, Shellal, la première cataracte. Nous avons déjà passé une fois devant, je me le rappelle.

Mme Julien : Quand ils parvinrent à l'île de Philoé, Belzoni fit particulièrement attention à la petite obélisque qu'il espérait ramener un jour, avec lui, en Angleterre, et il envoya demander l'aga d'Assouan.

Emilie : Nous voilà donc revenus à Assouan, maman? Je me rappelle fort bien cet endroit, sur le bord du Nil, vis-à-vis la cataracte, et je me rappelle aussi fort bien cet aga si intéressé, qui demanda une si forte somme pour prêter son bateau : pourquoi Belzoni l'envoya-t-il chercher?

Mme Julien : Afin de l'engager à employer son crédit pour faire transporter l'obélisque le long de la cataracte; mais Belzoni ne pouvait le faire dans cette saison, parce qu'il n'avait pas de bateau assez fort. Je vous ai déjà parlé de cet obélisque.

Alphonse : Oui, maman, je me rappelle qu'il était de granit, et avait vingt-deux pieds de long sur deux de large, de sorte qu'il eût fallu un assez grand bateau pour le transporter.

Mme Julien : Belzoni en fit l'acquisition, et donna, à l'aga, quatre dollards, pour le faire garder jusqu'à son retour. Le lendemain ils allèrent jusqu'à Assouan par terre. A leur arrivée, on leur dit qu'il n'y avait point de bateau pour les conduire à Esnê, de sorte qu'ils furent obligés d'attendre.

Emilie : Je pense bien que Belzoni ne perdit pas son temps pour cela; cependant je suis fâchée pour lui de ce retard : car il devait sans doute désirer de retourner à Thèbes, et de revoir encore une fois son jeune Memnon.

Mme Julien : Ce que nous ne pouvons empêcher, nous devons tâcher de l'endurer avec patience. Notre ami Belzoni eut souvent occasion de l'éprouver, et il s'amusa, pendant ce temps, à faire un autre tour en Eléphantine.

Emilie : Et quand il revint à Assouan, y trouva-t-il enfin le bateau ?

Mme Julien : Non, aucun bateau n'était encore arrivé. Ce retard était bien ennuyeux; cependant il n'y avait rien à faire que de se résigner.

Belzoni était asssis, un soir, dans un bosquet de palmiers, mangeant de la soupe au riz avec l'aga, lorsqu'un Arabe vint dire quelques mots à l'oreille de ce dernier, comme s'il avait quelque chose de très-important à lui communiquer.

Bernard : Je ne l'aurais pas remercié de son interruption; je n'aime pas du tout les Arabes, depuis qu'ils se sont conduits, avec Belzoni, d'une manière aussi infâme dans le caveau des momies.

Mme Julien : L'aga se leva, quoique son dîner ne fût pas encore fini, et s'en alla avec l'air d'un homme extrêmement occupé.

Bernard : Cette conduite me paraît très-suspecte : qu'est-ce que l'Arabe a donc pu lui dire à l'oreille ?

Mme Julien : Tu vas l'apprendre tout-à-l'heure. Une demi-heure après il revint, accompagné de deux autres personnes de distinction et d'un vieillard; ils s'assirent tous autour de lui, et après avoir amené l'affaire avec précaution, l'aga demanda à Belzoni s'il voulait acheter un gros diamant. Il est vrai que Belzoni ne faisait point commerce de diamans : cependant il dit à l'aga, que si le diamant était bon, et s'ils pouvaient s'accorder ensemble sur le prix, il l'acheterait, mais qu'il fallait avant tout qu'il le vît. L'aga lui dit que ce diamant avait été trouvé depuis long-temps par un des habitans du pays; et comme cet homme n'avait pas besoin d'argent, le diamant avait été conservé dans la famille pendant un grand nombre d'années : le premier propriétaire étant mort, son successeur désirait s'en défaire. Belzoni demanda encore une fois à le voir, et se retira avec eux, à quelque distance du peuple. Alors le vieillard, d'un air mystérieux, tira de sa poche une petite boîte en bois. Dans cette boîte était renfermé un papier qu'il déroula avec beaucoup de précaution, et ensuite deux ou trois autres, jusqu'à ce qu'enfin il découvrit la merveille des merveilles. Belzoni le prit dans sa main avec empressement; mais, hélas! quelle triste figure il fit, quand il s'aperçut que ce grand trésor, qui avait été gardé si long-temps et avec tant de soins, n'était qu'un morceau d'assez beau verre de la grandeur d'une noisette, avec deux ou trois petites fleurs dorées! toutes ses espérances s'évanouirent; et comme les autres considéraient attentivement ses mouvemens, ils ne purent s'empêcher de remarquer le désappointement si visible dans toute sa figure, et leurs espérances s'évanouirent aussi. Quand Belzoni leur eut dit que ce n'était qu'un morceau de verre, cette nouvelle les frappa tout-à-coup, comme s'ils avaient reçu la nouvelle d'un grand malheur; ils s'en allèrent tristes et sans proférer une parole, mais en regardant de temps en temps Belzoni, pour voir s'il parlait sérieusement. Mais il partageait aussi leur douleur, et ils ne purent découvrir sur sa figure aucun signe d'espérance.

Bernard : Quelle ignorance! prendre un morceau de verre pour un diamant! Je suis content, du moins, que ce ne soit rien de pire! quand tu nous as dit, maman, que l'aga était parti sans rien dire, je commençais à craindre pour Belzoni.

Eh bien! le bateau est-il arrivé?

Mme Julien : Non, il n'y a point encore de bateau. Belzoni se décida alors à louer deux chameaux, et à aller par terre jusqu'à Esnê : quand sa résolution fut connue, il trouva aussitôt un bateau pour le transporter, et il découvrit que tous ces retards n'étaient qu'une ruse pour le retenir à Assouan, car plusieurs petites barques avaient été cachées en différens endroits. Nos voyageurs descendirent rapidement et agréablement le Nil, et arrivèrent en sûreté à Luxor.

Emilie : — Luxor, tout auprès de Thèbes, maman; le voici.

Eh bien! trouvèrent-ils enfin le bateau arrivé du Caire pour y transporter Caphany?

Mme Julien : Le cacheff en avait procuré un; et quand ils arrivèrent à Thèbes, ils le trouvèrent attaché sur le rivage où était la statue colossale. Belzoni trouva beaucoup d'opposition quand il voulut enlever cette statue : les uns prétendirent qu'elle était trop pesante pour le bateau, et que, par conséquent, elle se perdrait dans le Nil; d'autres voulaient la retenir, croyant qu'elle renfermait de l'or; d'autres enfin soutenaient qu'il serait impossible de la porter jusque dans le bateau, parce que le rivage était plus de quinze pieds au-dessus de la surface de l'eau, et que d'ailleurs le fleuve s'était retiré à plus de cent pas de là. Belzoni fut extrêmement tourmenté en pensant que tous ses efforts et toutes les peines qu'il s'était données pour transporter cette statue jusqu'au Nil, allaient devenir inutiles, et que le jeune Memnon ne parviendrait probablement jamais jusqu'en Angleterre, au milieu de tant d'obstacles et de contrariétés.

Alphonse : Comment! après avoir mis tant d'activité à son entreprise! après avoir fait la voiture et les cordes de Palmier! après avoir employé tant de jours à la transporter! Ah! Belzoni, combien peu ils savaient apprécier ton industrie!

Mme Julien : La constance dans nos entreprises, comme je vous l'ai souvent dit, récompense tous nos travaux, et produit souvent des effets que nous n'aurions jamais osé espérer! Après quelques difficultés, Belzoni parvint à rassembler cent-trente hommes, et, sous ses ordres, ils commencèrent à faire une chaussée, pour transporter le colosse jusqu'au bord du fleuve. Ce travail fut fini le lendemain, et le buste était prêt à embarquer.

Bernard : Et comment Belzoni dirigea-t-il cet embarquement?

Mme Julien : Cette entreprise demandait quelques réflexions; car il n'était pas dutout facile de mettre un morceau de granit aussi pesant et aussi énorme à bord d'un bateau qui devait infailliblement se renverser, si le poids était placé sur un seul côté.

ALPHONSE : Est-ce que les Egyptiens n'avaient aucune machine qui put rendre cette opération plus facile ?

Mme JULIEN : Non, mon ami. Belzoni ne pouvait nullement compter sur aucun secours de cette espèce : il n'avait pas même de cables, il était obligé de se servir de perches et de cordes.

LAURE : Les habitans de ce pays ne connaissent presqu'aucune machine, Alphonse ; tous leurs talens consistent à tirer une corde, ou à s'asseoir sur l'extrémité d'un levier pour en former le contre-poids.

BERNARD : Dis-moi donc, ma chère Laure, ce que veut dire un *levier ?*

LAURE : Un levier, mon ami, est le fondement de toutes les machines. Ce n'est rien qu'un gros bâton droit, ou barre de bois ou de fer.

ALPHONSE : N'as-tu donc jamais vu, Bernard, dans Sandford et Merton, l'endroit où l'auteur parle d'une boule de neige qu'ils faisaient rouler avec tant de facilité, en employant deux longs bâtons appelés leviers ? Je te relirai ce passage une autre fois, et je te dirai tout ce que tu veux savoir ; mais laisse maman continuer un peu, sans l'accabler de tant de demandes. Nous perdons Belzoni trop souvent de vue. Eh bien, maman, veux-tu nous dire maintenant comment la statue put descendre le bord escarpé du fleuve.

Mme JULIEN : Oui, mais il faut laisser le petit Bernard faire ses questions et lui répondre sans marquer tant d'impatience. La chaussée descendait en pente graduelle jusqu'au bord de l'eau, tout auprès du bateau, et avec les quatre perches, un pont fut formé depuis le rivage jusqu'au centre du bateau.

EMILIE : Je t'entends, maman ; et ainsi, quand le poids porta sur le pont, il ne pouvait appuyer que sur le milieu du bateau.

ALPHONSE : Alors ce petit pont était appuyé en partie sur la chaussée, et en partie sur le milieu du bateau.

Mme JULIEN : De l'autre côté du bateau, Belzoni plaça des nattes bien garnies de paille. Quelques Arabes s'y placèrent, ainsi qu'à chaque côté, avec un levier de bois de palmier, car il n'y en avait point d'autre. Au milieu du pont, il mit un sac rempli de terre, afin que dans le cas où le colosse descendrait trop vite dans le bateau, on pût l'arrêter.

ALPHONSE : Comment s'y prit-il pour le faire descendre graduellement? Tu sais que si on l'avait poussé trop fort et qu'il fût descendu tout-à-coup, il aurait emporté le bateau et peut-être noyé les Arabes.

Mme JULIEN : Derrière le colosse, Belzoni avait fait planter en terre le tronc d'un gros palmier, autour duquel il entortilla une corde et ensuite l'attacha au char, afin que la statue pût descendre doucement. Il fit placer un levier de chaque côté, et pendant que les hommes dans le bateau tiraient à eux, les autres relâchaient les cordes, et d'autres enfin avançaient les rouleaux à mesure que le colosse lui même avançait.

ALPHONSE : Je lui souhaite un heureux voyage. Avec quelle adresse Belzoni sut se tirer de cette difficulté! J'aurais bien voulu voir travailler tous ces hommes; car ils devaient être bien occupés chacun de son côté. Ensuite, maman?

Mme JULIEN : La statue descendit ainsi lentement et très-lentement jusqu'à la chaussée, où elle s'enfonça un peu, parce que la chaussée était en terre nouvellement retournée. Cependant cela valait mieux que si elle se fût précipitée trop rapidement vers le fleuve. Belzoni fut très-content de cette circonstance; car si la statue était tombée dans le Nil, c'eût été non-seulement une mortification pour lui-même, mais un désappointement pour beaucoup d'antiquaires anglais, qui attendaient son arrivée avec impatience. Enfin, elle arriva à bord en sûreté.

BERNARD : Ah ! c'est charmant ! c'est charmant ! Je suis aussi content que Belzoni a pu l'être lui-même.

Mme JULIEN : Les Arabes qui pensaient qu'elle irait au fond de l'eau ou qu'elle écraserait le bateau, regardaient les travaux avec attention, désirant en connaître le résultat, et apprendre comment cette entreprise serait conduite. Quand le propriétaire du bateau, qui le considérait déjà comme perdu, aperçut le succès de Belzoni et vit cet énorme bloc de pierre en sûreté à bord du bateau, il vint vers lui et lui fit les plus grandes félicitations. Belzoni lui-même était transporté de joie en voyant cette entreprise difficile heureusement terminée. La petite société arriva au Caire le mois suivant ; et de là ils continuèrent leur route jusqu'à Rosetta.

EMILIE : Voici Rosetta, maman, à l'ouest du Nil et près de son embouchure. Mais le colosse fut-il transporté usque-là ?

Mme JULIEN : Oui, et comme ils pouvaient se procurer en ce lieu des cordages et de bons ouvriers dont ils avaient manqué jusqu'alors ; ce ne fut qu'une opération très-facile ; la statue fut portée en sûreté dans les magasins du pacha, pour attendre qu'on l'envoyât, de-là, en Angleterre. M. Belzoni fit connaissance, à Rosetta, avec un gentilhomme qui le reçut, dans sa maison, de la manière la plus aimable, et prit le plus grand intérêt à ses affaires, éprouvant le plaisir d'un véritable patriote, en voyant un des objets les plus beaux des arts d'Egypte prêt à être envoyé dans sa patrie.

Nous allons, pendant quelque temps, prendre congé de notre ami. Je désire que le zèle infatigable qu'il a déployé dans toutes ses entreprises, puisse être couronné d'un égal succès. Et vous, mes chers enfans, quand vous aurez besoin d'un modèle de constance et de persévérance, pensez à Belzoni.

CHAPITRE II.

Trait de patience de Bernard. — Second voyage de Belzoni. — Voyage rapide depuis Minieh jusqu'à Thèbes. — Temple superbe à Carnac. — Travaux entrepris à Gournou et à Carnac. — Caveaux de momies. — Dessein de Belzoni en pénétrant dans ces caveaux. — Manufactures des anciens Égyptiens. — Leurs idoles. — Habitations curieuses à Gournou. — Il retourne une seconde fois à Ybsambul. — Il ouvre le Temple. — Il revient à Thèbes transporté de joie.

LAURE entendait un peu la botanique; elle aimait à errer dans les campagnes à la recherche de fleurs sauvages, et elle faisait ordinairement ces petites courses avant le déjeûner. Quelques jours après la conversation que nous venons de rapporter, le soleil s'était levé le matin dans tout son éclat; mais les gouttes brillantes de la rosée avaient mouillé l'herbe et couvert toutes les feuilles. Laure, au lieu d'aller se promener dans ses campagnes favorites, s'avança à travers la petite porte verte de la pépinière, et suivit un sentier détourné qui la conduisit aux jardins des enfans. Elle y trouva Bernard, grandement occupé avec sa bêche : replaçant avec soin les fleurs qui avaient été abattues, les taillant et les nétoyant; l'endroit qu'il avait cultivé avec tant de plaisir et de soin était tout en désordre; le cerisier dont il s'était promis tant de joie, et dont il espérait présenter les premiers fruits à sa mère, avait été renversé des palissades contre lesquelles il l'avait appuyé. Sa petite récolte de bled était à terre. Toutes ses fleurs étaient détruites; son rosier était brisé, tout enfin présentait un spectacle de désordre et de confusion. Cependant le petit Bernard, plein d'une constance extraordinaire, ne se plaignait pas; il souriait et regardait Laure; Laure souriait aussi, car elle devinait bien les pensées qui occupaient son esprit.

Nos jeunes lecteurs peuvent vouloir connaître quelle était la cause de tout ce désordre. Les petits jardins étaient placés auprès de la remise. La porte de l'écurie avait été laissée ouverte par les gardes; le petit bidet de Bernard s'était permis de sortir, et attiré par la beauté du cerisier, s'était promené dans l'endroit même que son jeune maître avait cultivé avec tant de peine, et dans lequel il avait passé de si heureux momens au milieu des ardeurs du soleil. Laure observa son frère; il applanit la terre avec le rateau que son papa lui avait donné; il fit un trou dans la terre avec sa bêche, et il replaça son rosier, après en avoir taillé les branches cassées; ensuite avec la plus grande patience, et sans proférer une seule plainte, il aida le jardinier à remettre le pauvre cerisier dans sa première situation, tenant le fil de fer et les lattes, prêt à les donner à Jacques lorsqu'il les demandait; et Jacques, le jardinier, après avoir travaillé deux heures avec Bernard, eut la satisfaction de voir le jardin remis en ordre comme auparavant. Bernard entra au déjeûner; ses joues étaient plus vermeilles que jamais; toutes sa figure respirait la joie et la gaîté; il paraissait content de lui-même et de tous les autres, et tout le monde paraissait content de lui; c'était le résultat de son travail et de son industrie. Sa mère qui avait appris de Laure, ce qui s'était passé le matin, lui dit : Eh bien! mon ami, tu as éprouvé la vérité de ce que je t'ai dit, que la constance dans nos entreprises fera réussir tous nos travaux, et produira souvent des effets que nous n'osions pas même espérer. Ah! maman, s'écria Bernard, c'est Belzoni qui, le premier, m'a fait sentir le prix de la constance! j'ai vu ce qu'il a gagné par sa persévérance, et je me suis décidé à suivre son exemple, et à jamais ne m'abandonner au désespoir. Tu ne regrettes pas de m'avoir raconté l'histoire de Belzoni, n'est-ce pas, maman? Non sans doute, mon cher enfant, reprit la tendre mère. Je suis charmée de voir les premiers fruits de mon récit; et puisque tu as si bien vante; et puis, à quoi bon le cacher? si je ne vous aimais pas, encore, je n'avais pas d'autre amour; vous avez le premier éveillé mes sens, et cet enivrement m'a fait supporter des choses que je ne supporterai plus. Je vous le déclare, je ne veux plus être pour vous un jouet sans conséquence, qu'on prend et qu'on jette là, une chose agréable à toucher comme une étoffe ou une fourrure; je suis lasse de tenir le milieu entre vos chats et votre chien. Moi, je ne sais pas comme vous séparer mon amour en deux : l'amour de l'âme pour celle-ci, l'amour du corps pour celle-là. Je vous aime avec mon âme et mon corps, et je veux être aimée ainsi. Je veux, c'est un étrange mot, n'est-ce pas, de moi à vous, de moi servante, à vous maitre? mais vous m'avez prise pour être votre servante et non votre maitresse; si vous l'avez oublié, pourquoi ne l'oublierais-je pas?

RODOLPHE, *à part.* — Par la virginité de ma grand'mère, voilà qui se pose assez passionnément. (*Haut et d'un ton caressant.*) Pauvre Mariette! (*A part.*) C'est décidé, je quitte l'autre.

MARIETTE, *pleurant.* — Ah! Rodolphe, si vous pouviez savoir combien est douloureuse la position où je suis, vous pleureriez comme moi, tout insensible que vous êtes.

RODOLPHE, *buvant ses larmes sur ses yeux.* — Allons donc, enfant, avec tes pleurs, tu me fais boire de l'eau pour la première fois depuis qu j'ai atteint l'âge de raison.

MARIETTE, *lui passant timidement le bras au tour du cou.* — Aimer et ne pouvoir le dire, sen tir son cœur gros de soupirs et prêt à déborder et ne pouvoir cacher sa tête sur le sein bien-aim pour y pleurer à son aise, et n'oser risquer un caresse, être comme le chien, l'oreille au guet l'œil attentif, qui attend qu'il plaise au maître d le flatter de la main : voilà quel est notre sort Oh ! je suis bien malheureuse !

RODOLPHE, *ému.* — Tu es bête comme plusieur oies. Qui t'empêche de me dire que tu m'aimes et de me caresser quand l'envie t'en prend? c n'est pas moi, j'espère.

MARIETTE. — Qu'ont donc les autres femmes d plus que moi? Je suis aussi belle que plusieur qui ont la réputation de l'être beaucoup. C'es vous qui l'avez dit, Rodolphe; je ne sais si j'a raison de vous croire, mais je vous crois. On n prend guère la peine de flatter sa servante; à quo bon? on n'a qu'à dire je veux, cela est plu commode. Voyez mes cheveux, ils sont noirs e à pleines mains, je vous ai souvent entendu louer les cheveux noirs : mes yeux sont noir comme mes cheveux, vous avez dit bien des foi que vous ne pouviez souffrir les yeux bleus; mon teint est brun, et, si je suis pâle, ô Rodolphe

ques écus de cent sous à l'effigie de Napoléon ou de Charles X ; car en ce temps-là le roi-citoyen n'était pas inventé.

Lorsque Rodolphe rentra chez lui, il entendit ses chats qui miaulaient du ton le plus piteux du monde : Tom en faux-bourdon, la petite chatte blanche en contralto, et son chat angora avec une respectable voix de ténor qu'eût enviée Rubini.

Ils vinrent à lui d'un air de contentement ineffable, Tom faisait chatoyer ses grandes prunelles vertes, la petite chatte en faisant le gros dos, le chat angora en dressant sa queue comme un plumet, et ils lui souhaitèrent sa bienvenue au mieux qu'ils purent.

Mariette vint aussi ; mais elle avait l'air triste, et lorsque Rodolphe, après l'avoir baisée au front assez distraitement, lui mit la main sur l'épaule pour passer dans sa chambre, au lieu de la hausser amicalement pour lui en éviter la fatigue, elle s'affaissa de telle sorte, que la main de Rodolphe glissa et retomba au long de son corps.

Rodolphe, occupé de tout autre chose, ne fit pas attention à ce mouvement, et se coucha d'assez mauvaise humeur pour un homme qui vient d'avoir une bonne fortune.

Mariette, avant de se retirer, tracassa longtemps dans la chambre, remua des porcelaines, ouvrit et ferma plusieurs tiroirs, et mit tout en œuvre po attirer l'attention de Rodolphe, et peut-être po se faire engager à rester; mais Rodolphe ava d'excellentes raisons pour n'en rien faire. Voya qu'elle n'y parvenait pas, elle prit le bougeoir, se retira en jetant sur son maître, plus d'à mo tié endormi, un long regard plein d'amour et colère.

Le lendemain matin, quand Mariette ent pour lui apporter à déjeuner, Rodolphe fit cet remarque qu'elle avait les yeux rouges.

RODOLPHE. — Comme vous avez les yeux roug Mariette!

MARIETTE. — Moi, monsieur?

RODOLPHE. — Oui, vous.

MARIETTE. — C'est apparemment que j'aurai m dormi, ou que je viens de les frotter.

RODOLPHE. — On dirait, en vérité, Mariett que vous venez de pleurer.

MARIETTE. — Pourquoi donc pleurer? Il ne m'e pas mort de parent, que je sache.

RODOLPHE. — Ce ne serait pas une raison po pleurer, bien au contraire. Votre chocolat est d testable, il sent le brûlé d'une lieue à la ronde.

MARIETTE. — J'ai fait de mon mieux.

RODOLPHE. — Votre mieux est fort mal. Vo n'avez pas mis de sucre dans mon eau.

visation de M. Eugène de Pradel, et de mille autres choses également intéressantes, à quoi madame de M*** prenait un singulier plaisir.

De passion et d'amour, pas un mot. Il ne voulait pas l'avertir et la mettre sur ses gardes. — Cela eût été par trop naïf. — Parler d'amour à une femme qu'on veut avoir, avant d'avoir engagé le combat, c'est à peu près agir comme un bravo qui vous dirait avant de tirer son stylet : — Monsieur, si vous voulez avoir la bonté de le permettre, je vais prendre la liberté grande de vous assassiner.

— Il y avait, sous la régence, une habitude charmante que l'on a laissé perdre, et que je regrette du fond de mon cœur, dit Rodolphe sans transition aucune.

— Les petits soupers, n'est-ce pas? répliqua madame de M*** avec un clignement d'œil dont la traduction libre pouvait être ces deux mots : Monstrueux libertin !

— J'aime prodigieusement les petits soupers, les petites maisons, les petites marquises, les petits chiens, les petits romans et toutes les petites choses de la régence. C'était le bon temps ; il n'y avait alors que le vice qui se fît en grand, et le plaisir était la seule affaire sérieuse.

— Jolie morale ! dit et ne pensa pas madame de M***.

— Mais ce n'est pas de cela qu'il s'agit...
veux dire l'habitude de baiser la main aux fen
mes, fit Rodolphe en attirant à la hauteur de
bouche la petite main de madame de M***, repli
et cachée dans la sienne ; cela était à la fois g
lant et respectueux... Quel est votre avis là-de
sus ? continua-t-il en appuyant le plus savant ba
ser sur sa peau blanche et douce.

Mon avis là-dessus ? Quelle singulière que
tion me faites-vous là, Rodolphe ! vous m'avez m
dans une situation à ne vous pouvoir répondre
si je dis que cette manière me déplait, j'aurai l'a
d'une prude ; et, si je l'approuve, c'est approuv
en même temps la liberté que vous avez prise,
vous engager à recommencer, ce dont je me so
cie assez peu.

— Il n'y aurait aucune pruderie à dire que ce
vous déplait ; il n'y aurait aucun risque à dire
contraire : mon respect pour vous doit vous ra
surer là-dessus... C'est tout bonnement une di
sertation historique, de l'archéologie en matiè
de baiser, fit Rodolphe avec un air de com
ponction.

— Eh bien ! je préfère, pour parler franch
ment, la coutume moderne d'embrasser les fen
mes à la figure, murmura madame de M***, tout
rose, d'une voix fort basse, et néanmoins, fo
intelligible.

ratesse la plus machiavélique qui ait jamais été ourdie par un homme ou par une femme. Certainement c'est un moyen nouveau, et je ne pense pas qu'il ait encore été employé. *O ter, quaterque!* avoir fait du nouveau sous ce soleil où rien n'est nouveau, et cela avec la chose la plus usée du monde, une lettre anonyme, le pont aux ânes, la ressource de tous les petits intrigailleurs et machinateurs subalternes. Vraiment, je me respecte infiniment moi-même, et, si je le pouvais, je me mettrais à genoux devant moi. Se dénoncer soi-même au mari, cela est parfaitement inédit. S'il ne devient pas jaloux à ce coup, c'est qu'il est créé pour ne pas l'être, et je veux le proclamer comme le plus indifférent en matière de mariage qu'il y ait eu depuis Adam, le premier marié, et le seul de tous qui soit à peu près certain de n'avoir pas été cocu, attendu qu'il était le seul homme. Ce qui n'est toutefois pas une raison, car l'histoire du serpent et de la pomme me paraît terriblement louche, et doit nécessairement cacher quelque allégorie cornue.

Ou le vieillard stupide dissimulera, épiera et nous prendra, *flagrante delicto*, ou il éclatera sur-le-champ, et, de toutes les manières, il me fournira deux ou trois scènes poétiques et passionnées. Peut-être jettera-t-il madame de M** par la fenêtre et me poignardera-t-il : cela aurait vrai-

ment une tournure espagnole ou florentine q
me siérait à ravir.

Rodolphe s'en fut le lendemain chez M. de M*
fondant les plus grandes espérances sur son st
tagème; il s'attendait à voir une scène de déso
tion, madame de M*** tout en pleurs et conven
blement échevelée, le mari les poings crispés
arpentant la chambre d'un air mélodramatiqu
rien de tout cela.

Madame de M***, en peignoir blanc, coif
avec un soin remarquable, lisait un journal
modes dont la gravure était tombée à terre,
que M. de M*** ramassait le plus galamment
monde.

Rodolphe fut aussi surpris que s'il avait
quelque chose d'extraordinaire; il en resta
yeux écarquillés sur le seuil de la porte, incert
s'il devait entrer ou sortir.

— Ah! c'est vous, Rodolphe! fit le mari; e
chanté de vous voir. Et il n'y avait réellem
rien de méphistophélique dans la manière don
disait cela.

— Bonjour, monsieur Rodolphe, fit mada
de M***; vous arrivez à propos, nous nous
nuyons à périr. Que savez-vous de neuf? Et il
avait rien de contraint et d'embarrassé dans la m
nière dont elle disait cela.

— Diable! diable! voici qui est prodigie

profité des premières entreprises de mon cher Belzoni, tu as bien le droit d'en attendre un autre. Une larme de joie brilla dans les yeux de Bernard, en recevant, de sa mère, cet éloge qu'il avait bien mérité. Il se dépêcha de finir sa tasse de lait; le déjeûner fut bientôt desservi, les cartes furent encore une fois remises sur la table, et madame Julien commença la relation du second voyage de Belzoni en Egypte.

En 1817, un bateau fut préparé, bien couvert de nattes et garni tout autour d'un rideau, pour empêcher la poussière ou le vent d'y pénétrer. Belzoni et sa petite société s'embarquèrent à Boolac.

Emilie : Veux-tu me dire maman, quel est le principal objet de ce voyage, et à quel endroit ils allèrent d'abord, afin que je puisse les suivre sur la carte?

Mme Julien : Le désir de voir encore les antiquités d'Egypte avait enflammé le cœur de Belzoni; elles étaient maintenant les principaux motifs de ses recherches. Il désirait maintenant, plus que jamais, de visiter le temple d'Ybsambul et de continuer les travaux qu'il avait commencés pour l'ouvrir; après quoi il avait l'intention de retourner par la vallée de Béban-el-Malook, de tâcher d'entrer dans les tombeaux des rois, et ensuite de visiter les Pyramides. Vous rappelez-vous le temple d'Ybsambul?

Alphonse : Parfaitement bien; quand nous l'avons quitté, Belzoni venait justement de faire un trou dans le sable, et avait découvert qu'il n'avait ni assez de temps, ni assez d'argent pour continuer alors cette entreprise. Je voudrais qu'il réussit maintenant, il y a long-temps que je désirais le voir revenir à Ybsambul, et j'espère que cette fois, les habitans se conduiront mieux, et ne me forceront pas de dire : *Crescit amor nummi.*

Mme Julien : A leur départ de Boolac, nos voyageurs eurent un vent contraire qui les força de remonter le Nil si lentement, qu'au bout de quatre jours, ils n'étaient ancore arrivé qu'à Tabeen.

Laure : C'est un petit village du côté de l'Est, vis-à-vis Dajior.

Emilie : Alors il passèrent devant le Caire et plusieurs Pyramides, car voici Dajior; mais Tabeen n'est pas marqué sur la carte.

Laure : Parce que c'est un pays trop insignifiant, je crois ; tu peux faire une petite marque avec ton crayon, mon amie.

Mme Julien : C'est dans ce village, Bernard, que Belzoni dessina une vue des Pyramides qu'il apercevait de loin, et c'est ce dessin que Laure copiait l'autre soir, lorsque tu trouvais ces Pyramides si ennuyeuses.

Bernard : Mon opinion est bien changée maintenant, maman, je vois qu'il ne faut jamais porter un jugement d'une manière si inconsidérée. J'aime beaucoup le nom de ce petit village, et je ne l'appelle pas du tout insignifiant, car c'est le dessin de Laure qui m'a fait faire connaissance avec Belzoni. Combien de temps s'arrêta-t-il en cette endroit, maman ?

Mme Julien : Quand le dessin des Pyramides fut terminé, ils s'avancèrent vers Meimond, où leur attention fut attirée par les sons joyeux d'un tambourin, ce qui leur fit penser qu'il y avait une fête d'Arabes dans le village ; ils sortirent de leur petite barque et allèrent sur le rivage.

Bernard : Je voudrais bien savoir si ces Arabes dansaient de la manière originale dont tu nous as parlé l'autre jour, avec leurs bras sur les épaules l'un de l'autre et se saluant à la ronde.

Mme Julien : Je ne sais, mais Belzoni ne fut pas très-satisfait de ce spectacle, et retournant à son bateau, il se dirigea vers Minieh.

Emilie : Je viens de trouver Minieh, maman, c'est à-peu-près à moitié chemin, entre le Caire et Thèbes. Est-ce qu'ils se sont arrêtés là ?

Mme Julien : Oui, il était nécessaire de le faire pour voir Hamet-Bey, qui commande tous les bateaux sur le fleuve.

Alphonse : Ah ! ah ! je parierais qu'il se fait appeler amiral du Nil, et se croit aussi grand que le meilleur amiral du monde !

Mme Julien : Belzoni trouva ce grand capitaine assis sur un banc de bois, et accompagné de deux

P. 63.

Les arabes avec des torches à la main forment un spectacle auquel l'imagination peut à peine atteindre.

P. 54

C'est dans ce village que Belzoni dessina une vue des Pyramides qu'il apercevait de loin.

ou trois de ses matelots ; il vit aussi, dans cet endroit, deux Coptes qui avaient été envoyés par M. Drovetti, à la recherche des antiquités.

Emilie : A la recherche des antiquités, maman ! Alors, je pense qu'il y aura de l'émulation entre eux ; j'en suis très-contente ; mais je voudrais bien savoir quel est ce M. Drovetti, je sais déjà que les Coptes descendent des premiers Egyptiens qui furent convertis au christianisme.

Alphonse : Je crois, Emilie, que ce fut un très-grand malheur pour Belzoni d'avoir rencontré ces hommes, peut-être vont-ils aller à Ybsambul, où ils finiront d'enlever le sable, et dérangeront ainsi tous les beaux plans que j'avais formés dans ma tête.

Emilie : Pour moi, Alphonse, je ne sais pas quels sont tes plans ; veux-tu nous dire, maman, qui était ce M. Drovetti ?

Mme Julien : C'était l'ancien consul français d'Alexandrie, et Alphonse a raison de penser que Belzoni eut mieux aimé ne pas rencontrer ces hommes, surtout quand il apprit qu'ils désiraient arriver à Thèbes avant lui, et acheter tout ce que les Arabes avaient trouvé dans la saison précédente.

Alphonse : Quel contretemps ! mais les Coptes ne sont pas plus près de Thèbes que Belzoni. Pourquoi donc arriveraient-ils avant lui ?

Mme Julien : Parce que leur mode de voyager sur des ânes était beaucoup plus rapide que la marche du bateau ne pouvait l'être ; et ainsi Belzoni ne pouvait pas espérer de revoir sitôt les lieux où vous vous rappelez qu'il trouva les statues.

Emilie : Oui, maman ; sur la plaine, à Thèbes, où tu nous as dit que le voyageur trouvait à chaque pas des merveilles.

Mme Julien : Il ne fut pas long-temps à réfléchir sur la conduite qu'il devait tenir en cette occasion. Il se décida à partir immédiatement par terre, et voyageant jour et nuit, il espérait parvenir à Thèbes avant eux. Il fit donc préparer aussitôt un cheval et un âne, et prenant avec lui son domestique grec,

il laissa M. Béechey (le jeune gentilhomme qui l'avait accompagné dans ce voyage) remonter tranquillement le Nil.

Emilie : Mais où était madame Belzoni ?

Mme Julien : Elle fut laissée au Caire, chez le chancelier anglais. Je vais vous dire maintenant, avec quelle rapidité ce voyage fut terminé. Regarde sur la carte, Emilie.

Emilie : Mon doigt est à Minieh, maman.

Mme Julien : Nos voyageurs partirent à minuit, et ils arrivèrent le lendemain matin par des marches forcées à Manfettatet. De-là, ils partirent sans retard, et arrivèrent à Siout avant le point du jour.

Au lever du soleil, ils se remirent en route, et parvinrent jusqu'à Tahta, avant la nuit. Là, ils s'arrêtèrent dans un couvent pendant quatre heures, repartirent à la clarté de la lune, et arrivèrent à Girgeh pendant la nuit.

Emilie : Cela devrait être bien amusant; j'aimerais beaucoup à faire un petit voyage, sur un âne, au clair de la lune, quand la lune paraît derrière de sombres nuages, et que tout est dans le silence et la tranquillité.

Mme Julien : Ils reprirent leur voyage à une heure du matin, parvinrent à Farshiot à midi; et après s'être arrêtés dans cet endroit pendant quatre heures, parce qu'ils n'avaient pu trouver un cheval immédiatement, ils arrivèrent, à la nuit, à un village près de Badjoura; ils s'arrêtèrent encore deux heures, et arrivèrent à Génch, à trois heures du matin. Après avoir mangé, ils se mirent en marche, se reposèrent la nuit à Benut, pendant deux heures, et arrivèrent à Luxor, le lendemain matin, à midi.

Eh bien! Alphonse, que penses-tu maintenant? Voudrais-tu toujours voyager?

Alphonse : Je dis, maman, que Belzoni mérite les plus grands éloges, et que j'aurais bien voulu être à sa place.

Mme Julien : Je vois que tu ne peux pas te former une idée des nombreux embarras où se trouve une personne, voyageant dans un pays dépourvu de toutes les nécessités de la vie, lorsqu'elle ne dort que onze heures en cinq jours!

BERNARD : Est-ce qu'il n'avait rien à manger pendant tout ce temps? est-ce qu'il n'y a point d'hôtellerie en Egypte, maman?

Mme JULIEN : Dans quelques villes où il passa, les religieux des couvens lui rendirent de très-grands services; ils lui procurèrent des animaux et des provisions pour la route, aussitôt qu'il arrivait; et dans les endroits où il n'y avait point de couvent, il allait à la maison du scheck-el-balet, où les voyageurs de toutes sortes s'assemblent pendant la nuit : c'est à-peu-près comme les hôtelleries chez nous, mais beaucoup moins commode. A dire vrai, il était si fatigué et si accablé, que tout endroit où il pouvait se reposer un moment, lui paraissait délicieux. Il se couchait presque toujours sur la terre, et quand il pouvait se procurer une natte, c'était, pour lui, une espèce de luxe. Une nuit, il eut le bonheur de trouver quelques morceaux de cannes de sucre, qui étaient alors desséchés, et étaient devenus assez doux, ce qui lui procura un lit fort agréable.

Les cannes de sucre sont assez communes, dans ce pays, et Belzoni s'en régalait quelquefois, pour son dessert, après un repas de pain et d'oignon.

BERNARD : Un dîner de pain et d'oignon, et un lit de cannes de sucre! Oh, maman!

Mme JULIEN : Il n'avait pas de temps à perdre; personne ne fut jamais plus occupé que lui. Il s'adressa au cacheff qui donna des ordres pour lui procurer des hommes qui feraient tout ce qu'il leur commanderait. Tandis que les travaux, à Carnac, se poursuivaient avec activité, Belzoni visita les superbes ruines du temple qui se trouve dans ces lieux. De loin, on n'aperçoit que le sommet des édifices élevés, d'immenses portiques et des obélisques qui, dominant sur de nombreuses forêts de beaux palmiers, présentaient un magnifique spectacle. Quand il entra dans l'avenue des Sphinx, qui conduit au grand temple, il se sentit frappé d'un respect et d'une terreur religieuse.

EMILIE : Je n'aime pas à t'interrompre à chaque moment : veux-tu avoir la bonté de me dire ce que sont ces Sphinx, et pourquoi ils remplirent l'esprit de Belzoni de respect et de terreur ? je croyais qu'un Sphinx n'était qu'une espèce d'insecte, et je ne pense pas qu'un insecte pût m'étonner à ce point ; qu'entends-tu donc par une avenue de Sphinx ?

Mme Julien : Le culte des anciens Egyptiens, ma chère Emilie, était rempli de superstitions ; ils adoraient des idoles de bois et de pierre ; et ces Sphinx représentent des lions avec des têtes de béliers, symbole de la force et de l'innocence, du pouvoir et de la pureté de leurs Dieux. C'est leur énorme grandeur, et l'idée de ce qu'on avait voulu représenter en eux, qui frappa Belzoni en approchant de l'avenue. Il n'y était jamais entré seul auparavant, sans être distrait par le bruit des Arabes, qui semblent poursuivre partout le voyageur ; mais, dans ce moment, ces statues gigantesques et colossales, les obélisques, les colonnades immenses, dont les piliers ont quelquefois vingt ou trente pieds de circonférence, des tableaux, qui conservent encore un incomparable éclat ; le granit et le marbre qui se font remarquer dans tous les édifices ; des pierres, d'une grandeur étonnante, qui forment les toits les plus magnifiques ; des milliers de colonnes renversées qui couvrent partout la terre, firent long-temps rester Belzoni immobile de ravissement et d'admiration, et plus d'une fois il fut près de se prosterner devant ces monumens dont l'élévation semble surpasser le génie et le pouvoir de l'homme.

Alphonse : Je crois, maman, que ce tableau convient très-bien à Laure ; elle aime tout ce qui offre un caractère de grandeur.

Laure : Oui, j'aurais été enchantée d'errer avec Belzoni dans ces endroits délicieux ! j'y ai plus d'une fois pensé en considérant les vues qui en ont été faites. Je crois, maman, que Rollin observe avec beaucoup de justesse, que l'Egypte semble placer sa principale gloire à élever des monumens pour la postérité.

Bernard : Veux-tu me montrer le dessin que tu copiais l'autre jour, ma chère Laure ?

La bonne sœur se leva et alla chercher un très-gros volume in-folio, et lui montra une gravure représentant les magnifiques ruines du temple, à Carnac.

Mme JULIEN : Belzoni y était allé le matin de bonne heure, au moment où le soleil commençait à paraître, et les ombres prolongées qui tombaient des divers groupes de colonnes, se mêlant aux rayons de la lumière, qui éclairaient ces masses de ruines de différens côtés, formaient des vues si charmantes, qu'aucun pinceau, nous dit Belzoni, ne pourrait en tracer la beauté.

ALPHONSE : Crois-tu, maman, que Belzoni aimât mieux ce temple que celui de Tentyra ? Je me rappelle que quand il vit le temple de Tentyra, pour la première fois, il s'assit par terre plein de ravissement et d'admiration.

Mme JULIEN : Le temple de Carnac n'était pas si bien conservé : le travail était moins fini, et la sculpture moins admirable; mais ici, la vue se perdait dans une foule d'objets d'une grandeur colossale, et dont chacune (pour me servir des expressions de Belzoni) suffisait à elle seule pour attirer toute son attention.

EMILIE : Je parie bien que ces objets majestueux donnèrent à Belzoni plus de plaisir que celui qu'il éprouva en sortant du caveau des Momies, même lorsqu'il vit le jeune Memnon en sûreté dans les magasins du pacha, au Caire.

Mme JULIEN : Oui, sans doute, mon amie, c'était pour lui un plaisir plus grand; et un plaisir que les esprits supérieurs peuvent seuls connaître. En voyant sur ces murs antiques, les combats, les processions, les triomphes et les fêtes, peints ou sculptés, il ne pouvait s'empêcher de se rappeler qu'ils appartenaient à l'histoire d'une nation que tout le monde reconnaît pour avoir été, jadis, la reine des nations, la mère des sciences et le séjour des Dieux. Cette idée invitait son esprit à se reporter aux jours et aux exploits des siècles passés. Ces ruines augustes lui apprenaient que toute grandeur humaine est périssable et passagère, et que le temps viendrait où ces souvenirs de la gloire seraient eux-mêmes renversés à leur tour, et ne laisseraient aucun vestige. Ces réflexions étaient toutes naturelles, n'es-tu pas de mon opinion, Emilie?

Emilie : Oui, maman ; et ces sentimens devaient être à-la-fois tristes et agréables. Maintenant veux-tu nous dire si les Coptes sont arrivés à Thèbes.

Mme Julien : Il était très-tard lorsque Belzoni quitta les ruines et revint à Luxor, dans la petite chaumière d'un Arabe qui lui céda une partie de sa chambre et une natte, dont il se composa, nous dit-il, un excellent lit. Il apprit que les deux Coptes venaient d'arriver, et avaient commencé à faire des recherches très-étendues.

Emilie : Ce dut être, pour lui, une nouvelle très-désagréable; mais il faut que les voyageurs sachent souffrir toutes ces contrariétés. Cependant j'en suis bien fâchée pour Belzoni qui a voyagé si long-temps jour et nuit pour arriver avant eux.

Bernard : Je pense, maman, que la natte de l'Arabe devait être beaucoup plus commode que le lit de cannes de sucre. Mais quel changement ! que devait penser Belzoni de cette misérable cabane après avoir vu les grandes et majestueuses ruines du temple, à Carnac !

Mme Julien : Il fut obligé de s'en contenter, mon ami. Ne pouvant se procurer beaucoup d'hommes à l'est du Nil, il se décida à essayer ce qu'il pourrait faire à l'ouest, comme il était assuré de la protection des cacheffs, en cet endroit : mais, malheureusement, le bateau de M. Béechey n'était pas encore arrivé, et il ne pouvait continuer lui-même son voyage, faute d'argent ; car en voyageant par terre, il avait cru prudent de n'en prendre que très-peu avec lui. Il laissa donc son interprète et partit dans un petit bateau pour aller à la rencontre de son ami. Il arriva à Ghenlh en un jour ou deux ; et, là, ils eurent la joie de se rencontrer. Ils furent trois jours avant de pouvoir parvenir jusqu'à Thèbes, où ils arrêtèrent leur barque, et reprirent leurs opérations avec les hommes qu'ils purent trouver. Les travaux, à Gournou, se continuaient, néanmoins, avec activité et occupaient l'attention de Belzoni autant que ceux de Carnac.

Emilie : Gournou n'est pas marqué sur la carte.

Alphonse : O Emilie ! ne te rappelles-tu pas où Gournou est placé ? de l'autre côté du Nil, presqu'en face de Carnac. C'est là qu'est le caveau des momies : ce caveau dans lequel Belzoni entra avec les perfides Arabes.

LAURE : Gournou est un pays de rochers, d'environ deux milles de long, aux pieds des montagnes de la Lybie, à l'ouest de Thèbes : dans toutes les parties de ces rochers, on a taillé avec beaucoup d'art de grandes et de petites chambres, dont chacune a une entrée séparée; et quoiqu'elles soient très-rapprochées, il arrive rarement qu'elles aient aucune communication entre elles dans l'intérieur.

EMILIE : Je me rappelle parfaitement bien tout cela maintenant; maman nous a dit qu'elles sont très-renommées par le nombre des momies qu'elles contiennent.

Mme JULIEN : Il est impossible de vous donner une idée bien précise de ces demeures souterraines ou de leurs habitans.

BERNARD : Ma chère Laure, veux-tu me dire ce que l'on entend par *demeure souterraine?*

LAURE : Quand tu as appris l'autre jour, dans ta leçon de géographie, que les mines de cuivre sont très-nombreuses en Suède, et forment des habitations souterraines pour différentes familles, je me rappelle t'avoir dit que le mot souterrain était formé de deux mots latins, *sub* qui veut dire *sous*, et *terra* qui veut dire *terre.*

BERNARD : *Sub, terra :* sous terre........ souterrain; je tâcherai de ne pas l'oublier une autre fois.

Mme JULIEN : Il n'y a, dans aucune partie du monde, des lieux de sépulture semblables à ceux de Gournou; on ne trouve nulle part des mines ou des souterrains qui puissent être comparés à ces lieux étonnans. Il est impossible cependant de donner une description exacte de leur intérieur, à cause de la difficulté de les visiter.

ALPHONSE : J'espère, du moins, que Belzoni ne se hasardera pas à y rentrer une seconde fois! Je craindrais trop pour lui, s'il se confiait encore à quelque perfide Arabe.

Mme JULIEN : Il est vrai que les habitans de Gournou sont plus adroits et plus trompeurs que les autres

Arabes; mais quand Belzoni eut demeuré quelque temps à Thèbes, et qu'ils purent le connaître, ils s'aperçurent qu'il était inutile de chercher à le tromper encore.

ALPHONSE : Je ne m'en étonne pas, maman; car je ne crois pas qu'une personne véritablement instruite puisse être facilement trompée.

Mme JULIEN : Pourquoi pas?

ALPHONSE : Parce que, maman, nous voyons plus souvent des personnes faibles ou superstitieuses trompées, que celles qui ne le sont pas : et ainsi un des motifs qui doit nous engager davantage à acquérir des connaissances, c'est qu'elles nous empêchent d'être trompées par d'autres, et nous mettent à portée d'échapper à leurs fourberies.

Mme JULIEN : Et ne connais-tu pas d'autres raisons pour lesquelles l'instruction est désirable?

ALPHONSE : En vérité, maman, il y en a tant, que je ne sais par lesquelles commencer.

Mme JULIEN : La Science est désirable en elle-même, mon cher enfant : elle élève l'âme, elle nous prépare des sources d'un bonheur plus pur et plus noble dans cette vie et dans l'autre; d'ailleurs, des études utiles exercent et affermissent les facultés de l'entendement; elles soutiennent la vertu dans la jeunesse, et sont, par conséquent, le véritable fondement de tout notre bonheur.

ALPHONSE : Tu as bien raison, maman. Veux-tu me donner maintenant une description générale des caveaux de momies?

Mme JULIEN : Dans ces sombres souterrains, un voyageur se contente assez ordinairement de voir la grande salle, la galerie, l'escalier, et il ne s'avance que jusqu'où sa sûreté le permet. D'ailleurs, son attention est assez occupée des tableaux qu'il voit sur les murs; de sorte que, quand il arrive à un passage étroit ou difficile, ou qu'il a à descendre au fonds d'un puits, ou d'une sombre caverne, il ne veut pas se donner cette peine nouvelle, supposant naturellement que dans ces abîmes, il ne pourra rien voir d'aussi magnifique que ce qu'il voit au dessus et sans danger, et il regarde comme inutile de s'avancer plus loin.

Alphonse : L'air doit être très-épais et très-désagréable dans ces lieux ?

Mme Julien : Oui, très-désagréable. Il est souvent arrivé que des personnes n'ont pu y résister ; et le voyageur qui veut pénétrer malgré cet obstacle, se trouve continuellement tourmenté par l'immense quantité de poussière fine, et des émanations qui s'élèvent des momies ; car le passage où ces corps reposent depuis plusieurs siècles, est grossièrement taillé dans les rochers.

Alphonse : Et ces rochers sont de granit ; le sable qui tombe de la partie supérieure doit probablement combler le passage.

Mme Julien : Oui ; dans quelques endroits, il faut s'efforcer de passer en rampant dans un passage de deux ou trois pieds de largeur, au milieu des pointes aigues de pierres dont le sentier est hérissé. Après avoir traversé ces passages, dont quelques uns ont deux ou trois pas de long, on trouve ordinairement une place plus commode, assez élevée, peut-être, pour s'y asseoir. Mais, quel lieu de repos ! entouré par des cadavres, par une multitude de momies, qui, pour une âme peu accoutumée à un tel spectacle, n'inspirent que le dégoût et l'horreur. La tristesse de ces lieux, la faible lueur que les torches peuvent y répandre, les différens objets qui entourent le voyageur, et qui ne lui parlent tous que de tristesse et de mort, les Arabes, avec des torches à la main, nuds et couverts de poussière, et qui ressemblent à des momies vivantes, forment un spectacle auquel l'imagination peut à peine atteindre.

Bernard : Mais y a-t-il des voyageurs qui aient jamais osé pénétrer si loin ?

Mme Julien : Oui. L'infatigable Belzoni, que nul obstacle ne pouvait arrêter, se trouva souvent au milieu de scènes semblables. Dans les premiers temps, il sortait ordinairement de ces cavernes accablé de fatigue et d'épuisement ; mais, à la fin, il s'y accoutuma tellement qu'il pouvait y entrer sans danger, et même sans souffrance. Quelquefois, après avoir pénétré dans une de ces cavernes à travers un passage de cinquante, cent, trois cents ou six cents pas, il cherchait une place de repos et tâchait de s'asseoir ; mais quand son poids portait sur le corps d'un de ces Egyptiens enseveli dans ces lieux depuis plusieurs siècles, il enfonçait aussitôt. Dans ces momens, il avait naturellement recours à ses mains pour se soutenir, mais, ne trouvant d'autre point d'appui que ces cadavres placés de tous côtés autour de lui, il tombait au milieu de ces momies renversées, brisant, dans sa chute, les langes et les ossemens de ces cadavres d'où s'élevaient une poussière fétide, au milieu de laquelle il restait quelquefois immobile pendant un quart d'heure, attendant qu'elle fut retombée.

Bernard : Oh maman, quelle triste position ! pour ma part, je ne serais pas, d'ici long-temps, disposé à entrer dans un des souterrains de Gournou. Mais pourquoi nous disais-tu donc tout-à-l'heure que les torches ne jetaient qu'une faible lueur à cause du manque d'air ?

Mme Julien : C'était un air particulier, mon cher ami, et dans lequel aucun animal ne pourrait presque vivre. Belzoni n'aurait pu le supporter long-temps ; et cet air, qui est souvent fatal à la vie des animaux, peut aussi éteindre la flamme d'une torche. Quand tu connaîtras les principes de la chimie, tu seras plus en état de comprendre la cause de cet étonnant phénomène. Les habitans de Gournou vivent à l'entrée des cavernes qui ont déjà été ouvertes ; et ils se forment des habitations pour eux-mêmes, aussi bien que pour leurs vaches, leurs chameaux, leurs buffles, leurs brebis, leurs chiens et leurs chèvres, en bâtissant des murs de terre entre chacune d'elles.

Bernard : Comment ! ils vivent dans ces horribles cavernes ; quelle misérable habitation ils se sont choisie !

Mme Julien : Je ne puis rendre raison de ce choix, puisqu'ils ont un grand nombre de pierres provenant des tombeaux environnans, si ce n'est en l'attribuant à leur indolence ; ils ne veulent pas se donner la peine de construire des maisons, et d'ailleurs, en restant dans ces souterrains, ils espèrent recevoir de l'argent des voyageurs qui viennent les visiter.

Emilie : Quel motif décida Belzoni à pénétrer dans ces souterrains ?

Mme Julien : Son principal objet était d'enlever aux Egyptiens leurs *papyri* ; il en trouva plusieurs morceaux cachés dans de nombreuses enveloppes de drap.

Alphonse : Qu'entends-tu par *papyri*, maman ?

Mme Julien : Tu as entendu parler, mon ami, des joncs qui croissaient sur les bords du Nil, et dont les anciens faisaient des habits, des voiles, des instrumens domestiques et du papier d'écriture.

Bernard : Oui, maman, j'en ai entendu parler, et je comprends bien le procédé qu'ils employaient pour faire leur papier. Ils pressaient les feuilles qui entourent la tige pour les applatir et les rendre douces ; je pense que les feuilles de jonc étaient attachées l'une à l'autre comme celle du grand aloës d'Amérique que nous voyons au conservatoire. Mais quel rapport tout ceci a-t-il avec le papyrus de Belzoni?

Mme Julien : Beaucoup, mon ami. Par ces papiers, l'on entend les registres ou les annales, qui étaient ordinairement placés avec les momies et contenaient des faits historiques qui seraient de la plus grande utilité pour l'antiquaire qui pourrait parvenir à les déchiffrer. Beaucoup d'Egyptiens se faisaient ensevelir dans une bière de bois de sycomore, quand leur fortune le leur permettait, et, sur ces bières, était écrite l'histoire de leur vie ; mais, ceux qui n'étaient pas assez riches, se contentaient de faire écrire leur histoire sur des registres, que l'on roulait ensuite et que l'on plaçait au-dessus de leurs genoux. Eh bien, vous connaissez maintenant le motif qui engagea Belzoni à pénétrer dans les tristes caveaux de Gournou?

Emilie : Les anciens Egyptiens connaissaient-ils les fabriques de toile, maman? tu nous parlais tout-à-l'heure du drap dans lequel leurs registres étaient enveloppés.

Mme Julien : Oui, sans doute, ils avaient de ces fabriques, et presque aussi parfaites que les nôtres. Belzoni observa que le drap de quelques-uns de leurs habits était aussi fin que notre mousseline ; qu'il formait un tissu très-uni et si bien filé que les fils étaient à peine visibles.

Alphonse : Leurs connaissances ne se bornaient donc pas à l'architecture et à la sculpture.

Mme Julien : Non, certainement, mon ami. Belzoni eut le bonheur de trouver plusieurs modèles de leur fabrique, et entr'autres des feuilles d'or battues presqu'aussi minces que les nôtres. Ils savaient aussi tanner le cuir et lui donner différentes couleurs par la teinture ; et, ainsi, ils pouvaient faire des souliers de toutes sortes et aussi bons que ceux que nous portons. Ils fabriquaient une espèce de verre dont ils se faisaient des chapelets et d'autres ornemens, et ils avaient aussi des fabriques de coton. Ainsi vous voyez que les Egyptiens avaient plus d'un talent; et qu'ils n'oubliaient pas les objets moins importans au milieu de leurs productions grandes et sublimes.

LAURE : Je ne les en aime que mieux, maman, ce que tu nous as dit, pour réunir les grands objets avec les objets moins importans, me rappelle mon histoire d'Elisabeth Smith, qui, quoiqu'elle eût des talens qu'on aurait admirés dans une académie, ne regardait pas cependant comme une dégradation, de s'amuser quelquefois à faire une simple tourte.

Mme JULIEN : Ceux-là, sans doute, sont les plus grands génies, qui, possédant des connaissances profondes et variées, s'occupent encore, et veulent y allier l'exercice de toutes les vertus domestiques.

Outre l'art d'émailler, la dorure était parvenue à un très-haut degré de perfection parmi les Egyptiens, et Belzoni trouva plusieurs ornemens de cette espèce. Ils savaient fondre le cuivre, et en former des couches. Ils avaient aussi une composition métallique assez semblable au plomb chez nous, mais un peu moins dure.

ALPHONSE : C'était à-peu-près, je pense, comme le plomb que nous voyons sur le papier, dans les boîtes de thé qui nous viennent de Chine? Emilie en avait autrefois, avec des dessins chinois, dont elle voulait copier les figures pour mettre sur les écrans.

Mme JULIEN : Oui, c'était à-peu-près comme cela; un peu plus épais cependant. Les ouvrages ciselés étaient très-communs et très-parfaits, surtout dans la proportion des formes, qui avaient une simplicité toute particulière, et toujours agréable. L'art de vernir et de faire cuire le vernis était porté chez eux à un tel degré, qu'il serait difficile de le surpasser même aujourd'hui.

LAURE : Comme Emilie aime beaucoup à dessiner, je suis sûre, maman, qu'elle voudrait bien t'entendre parler un peu sur ce sujet qui lui est si cher.

Mme JULIEN : Hélas, mon Emilie, la peinture n'était pas cultivée avec autant de succès chez les Egyptiens, que les autres arts. Ils ne savaient pas, comme nous, passer d'une ombre à une autre, par une transition imperceptible; ils ne savaient pas non plus répandre une teinte riante sur une vue ua peu sombre, ni même dessiner une tendre fleur entr'ouvrant au soleil ses innombrables feuilles. Leurs peintures étaient extrêmement simples; car ils ne connaissaient pas l'avantage des ombres pour donner un nouveau lustre à leurs figures. Ils méritent cependant beaucoup d'éloges pour leur goût dans la disposition du peu de couleurs qu'ils avaient.

EMILIE : Quelles couleurs avaient-ils, maman?

Mme JULIEN : Ils n'avaient que deux sortes de bleu, du rouge, du verd, du jaune et du noir. C'est avec ces couleurs qu'ils ornaient leurs temples, leurs tombeaux et tout ce qu'ils voulaient peindre.

LAURE : La première fois que nous irons à la ville, Emilie, nous irons voir la grande salle égyptienne, où tu pourras contenter ta curiosité et voir des modèles de peintures égyptiennes.

ALPHONSE : Veux-tu me dire maintenant, maman, quel genre d'architecture était ordinairement employé?

Mme JULIEN : Rappelle-toi, mon ami, que les Egyptiens ont été une des premières nations; ils étaient obligés de tout faire sans modèle et sans guide; cependant leur génie était si fertile en inventions nouvelles, qu'au lieu de se borner à cinq ordres différens d'architecture, ils en avaient tant, qu'on en pourrait former tous les jours de nouveaux d'après leurs livres. Plusieurs raisons nous portent à croire que notre ordre ionique a été inventé en Egypte.

ALPHONSE : Oh oui! et papa nous a souvent parlé de plusieurs inventions, en architecture, qui nous viennent des Egyptiens. Eh bien! maman, dis-nous dans quels autres arts les Egyptiens se sont distingués?

Mme JULIEN : Leurs merveilleuses sculptures sont partout admirées pour la hardiesse de leur exécution; on croit assez généralement aussi, que la géométrie est une de leurs inventions, que c'est encore à eux que nous devons la découverte de l'astronomie. Il est certain qu'ils ont toujours été célèbres pour leur sagesse et leur littérature. Nous en voyons mille preuves dans l'histoire sacrée et dans l'histoire profane; l'une nous assure que Moïse était instruit dans toute la sagesse des Egyptiens, que la sagesse de Salomon surpassait toute la sagesse d'Egypte; et l'histoire profane, de son côté, reconnaît, dans cette nation, la mère de toutes les connaissances philosophiques.

BERNARD : Où Belzoni demeura-t-il, maman, pendant que les travaux se continuaient à Gournou et à Carnac?

Mme JULIEN : C'était ordinairement à Luxor, mais quand il avait quelqu'affaire importante à terminer, il logeait à l'entrée de quelques tombeaux, et loin de se plaindre, Bernard, il s'amusait de la singularité de son habitation. Les logemens sont ordinairement dans les passages, entre la première et la seconde entrée d'un tombeau; les murs et le toit sont aussi noirs que l'intérieur de la cheminée la plus sombre; la porte qui se trouve au-dedans, est fermée avec de la terre, et il ne reste qu'une petite ouverture à travers laquelle un homme peut s'introduire en se mettant sur ses mains. Dans ce lieu, on retire les brebis pendant la nuit. Au-dessus de la porte, il y a toujours quelques figures égyptiennes à moitié brisées et deux renards.....

BERNARD : Attends, maman; deux renards, dis-tu? Qu'y avait-il besoin de placer des renards en cet endroit?

Mme JULIEN : Je vous ai déjà dit, plusieurs fois, que les Egyptiens adoraient des animaux de différentes espèces, et les renards étant considérés comme les gardiens des tombeaux, étaient honorés d'une manière toute particulière. Belzoni trouva souvent, dans les tombeaux des Egyptiens, des momies assez bien conservées, de taureaux, de vaches, de singes, de chats, de poissons, d'oiseaux et de crocodiles. Ces derniers animaux étaient adorés chez eux avec la plus grande vénération.

BERNARD : Je suis bien content que nous n'ayons pas vécu dans ce temps-là; peut-être aurions-nous adoré aussi des chats, des chiens et des crocodilles.

Mme JULIEN : Cela est très-probable; je crois bien que nous n'aurions pas été plus sages que nos voisins; et cette pensée doit nous pénétrer de reconnaissance pour le souverain être qui nous a fait entrer dans le monde, dans des temps beaucoup meilleurs.

Pl. 89.

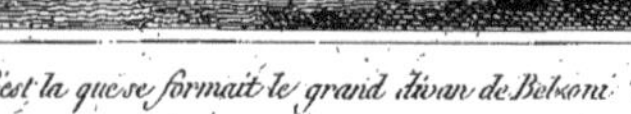

C'est là que se formait le grand divan de Belzoni.

Pl. 87.

Ayant fait un petit pont ils traversèrent le précipice.

BERNARD : J'ai bien souvent réfléchi à ce grand bienfait de la Providence. Mais, maman, tu allais nous faire la description d'une grotte à Gournou ; veux-tu la continuer ?

Mme JULIEN : Une petite lampe est placée dans un enfoncement de la muraille, et une natte est étendue par terre. C'est là que se formait le grand divan de Belzoni, par tout où il était. Les habitans s'assemblaient autour de lui, et la conversation roulait toujours sur les antiquités. L'un avait trouvé telle et telle chose, et l'autre avait découvert un tombeau. On lui apportait, à chaque instant, de nouveaux objets à acheter, et plus d'une fois il eut occasion de se féliciter de s'être arrêté dans ces lieux.

ALPHONSE : Ils s'étaient donc aperçus qu'il était antiquaire. Quant à moi, je sais bien que plutôt que de me confier à ces habitans dans une de leurs tristes et sombres cavernes, j'aimerais mieux vivre dans une des cabanes de bambou des Péruviens, ou dans les demeures des Lapons, faites d'églantier, d'écorce d'arbres et de peaux de Rennes ; l'une ou l'autre de ces habitations eût été plus agréable. N'es-tu pas de mon avis, maman ?

Mme JULIEN : Oui, mon ami, mais Belzoni n'eut pas été du tout content de traverser l'Atlantique pour arriver aux campagnes du Pérou, ou dans les pays de la Laponie, couverts de neige ; car dans ces lieux on n'a aucune idée des antiquités, tout homme peut être heureux et content quand il le veut, car le bonheur ne dépend que de nous.

ALPHONSE : Tout ce que je sais, ma chère maman, c'est que cela contrarierait beaucoup mes idées de bonheur, d'avoir à en parler devant des gens qui vivent dans des cavernes comme des bêtes sauvages ou plutôt qui vivent dans les tombeaux, au milieu des momies et des ruines des anciennes nations, dont ils ne connaissent rien, j'en suis sûr.

Mme JULIEN : Mais ce n'est rien encore, en comparaison de leur état d'esclavage. Sujets aux caprices d'un pouvoir despotique, ils n'ont aucune espérance de recevoir la récompense de leurs fatigues, et s'il y a quelque changement dans leur sort, c'est pour tomber du mal en pis. Cependant ils vivent dans un état d'insouciance qui ressemble au bonheur ; car l'habitude, mon ami, nous accoutume à tout.

L'ouvrier retourne chez lui le soir, s'assied auprès de sa caverne, fume sa pipe avec ses compagnons, parle de la dernière inondation du Nil, de ses produits et des espérances de l'année suivante; sa femme lui apporte le plat ordinaire de lentilles et de pain, trempé dans du sel et de l'eau, et quand elle peut y ajouter un peu de beurre, c'est pour lui une espèce de luxe. Comme il ne connaît point d'autre bonheur, il est heureux. Les jeunes gens travaillent sans relâche pour accumuler la somme de cent piastres (ce qui fait environ 60 francs), pour s'acheter une femme et pour faire une belle fête le jour de la noce.

Emilie : Pour s'acheter une femme, maman! voilà bien la chose la plus drôle que j'aie jamais entendue de ma vie! elles ne sont pas chères non plus; 60 francs! je t'assure bien que je ne voudrais pas me laisser acheter ainsi.

Mme Julien : Tu ne peux pas m'assurer cela du tout, ma chère amie; si tu étais née à Gournou, il aurait probablement fallu que tu fisses comme les jeunes demoiselles de ce pays. Quand un homme veut se marier, il va trouver le père de sa prétendue, et convient avec lui de la somme qu'il payera pour elle. Cette importante affaire étant décidée, l'argent doit se dépenser le jour de la noce. Quant aux objets de ménage, les parens n'exigent autre chose que deux ou trois pots de terre, une pierre pour moudre la farine et une natte qui leur sert de lit. La mariée a une robe et des bijoux qui lui appartiennent; et si le marié veut lui présenter une paire de bracelets d'argent, de l'ivoire ou du verre, c'est un bonheur inattendu pour elle. C'est ainsi que ces pauvres gens, n'ayant jamais connu notre luxe et nos plaisirs, ne les regrettent pas.

Alphonse : Et leur maison est tout de suite prête, sans loyer et sans imposition; cela doit être bien commode. Je me rappelle que notre domestique, Edouard, nous a dit qu'il ne pourrait pas se marier avant le printemps prochain, parce que le loyer de la cabane qu'il désirait prendre, était trop élevé.

Mme Julien : Il n'y a aucune difficulté de cette espèce à Gournou. Si une maison ne leur plaît pas, ils en sortent pour entrer dans une autre; car il y en a des centaines et peut-être des milliers à leur disposition. Enfin ils en choisissent une. La pluie ne peut passer à travers le toit, et ils n'ont pas besoin de portes, parce qu'ils n'ont rien à perdre. Ils construisent, avec de l'argile et de la paille, une espèce de coffre, qui, après avoir été exposé deux jours au soleil, devient tout-a-fait dur. Ce coffre est placé sur une élévation; ils y laissent une ouverture pour y déposer leurs effets les plus précieux, et c'est un morceau de coffre de momie qui en ferme la porte.

Belzoni avait, maintenant, assemblé assez d'antiquités pour en remplir un second bateau, et ayant fait porter toute cette précieuse collection dans un seul, il bâtit un mur autour et le couvrit de terre. Il laissa un scheyk arabe pour le garder, et partit pour Assouan.

EMILIE : Les voilà donc qui reviennent encore une fois à cette vieille ville! C'est là que Belzoni trouva un aga si intéressé, assis sur une natte avec toute sa suite, sous l'ombrage des palmiers. Ils se dirigèrent de-là vers Ybsambul, n'est-ce pas, maman? Je serai bien contente quand ils seront arrivés au temple.

Mme JULIEN : Ils ne restèrent pas long-temps à Assouan, ils continuèrent leur route jusqu'à Philoé. Avez-vous oublié le nom de ce pays?

EMILIE : Oh! non, maman. Je me rappelle qu'en nous racontant dernièrement le voyage de Belzoni, tu nous as dit que Belzoni se tenait à la proue du vaisseau, attendant que les premiers rayons du soleil vinssent lui découvrir cette île magnifique; tu nous as dit aussi qu'il trouva un obélisque en ce lieu, et qu'il donna quatre dollards à l'aga, pour payer une garde jusqu'à son retour. Fera-t-il enlever maintenant cet obélisque?

Mme JULIEN : Non, pas à présent, mais bientôt: son premier objet, maintenant, est de retourner à Ybsambul. Pendant leur séjour à Philoé, deux capitaines y arrivèrent, qui devaient remonter le Nil jusqu'à la seconde cataracte; et comme il était assez difficile de trouver deux bateaux, il fut convenu que la petite société de Belzoni se joindrait à eux.

BERNARD : C'est très-bien imaginé; car ils vont passer devant Ybsambul, sur leur route.

Mme Julien : Ils s'embarquèrent, les deux capitaines, M. Beechey, trois domestiques et Belzoni lui-même.

Bernard : Et Mme Belzoni, maman, tu l'as oubliée?

Mme Julien : Non, non, mon ami; je pensais, dans l'instant même, combien il fallait qu'elle eût du courage et de patience; car, comme il n'y avait qu'un seul bateau, elle fut laissée dans l'île de Philoé, jusqu'à ce que la société vint la reprendre.

Alphonse : Comment, maman, elle fut laissée ainsi seule, dans l'île de Philoé! Dis-nous, je t'en prie, quelque chose d'elle : où demeura-t-elle pendant leur absence?

Mme Julien : Elle aurait beaucoup désiré les accompagner; mais comme il n'y avait qu'un seul bateau, elle fut obligée de rester dans l'île, malgré le grand désir qu'elle avait d'assister à l'ouverture du beau temple d'Ybsambul. Cependant il ne lui eût servi de rien de s'abandonner à de stériles regrets. Mme Belzoni se logea sur le sommet du temple d'Osiris, où elle parvint à se former deux chambres assez agréables : elle s'amusait à observer les coutumes et le caractère des habitans, et à faire des échanges de différens objets avec les femmes nubiennes, pendant l'absence de M. Belzoni.

Bernard : Il faut avouer qu'elle avait bien du courage, de la patience et de la résolution! Veux-tu nous dire maintenant, maman, quand ils arrivèrent à Ybsambul?

Mme Julien : Au bout de quelques jours, ils furent très-contrariés en apprenant que les cacheffs n'y étaient pas, qu'ils étaient à Jomas, vis-à-vis Déir. Ils envoyèrent un exprès pour leur dire qu'ils venaient avec la permission d'ouvrir le temple; et, en attendant leur réponse, ils s'avancèrent jusqu'à la seconde cataracte. Avant d'arriver à Wadyhanfa, ils suivirent le long du Nil, et ensuite débarquèrent et marchèrent, pendant trois ou quatre nuits, jusqu'aux rochers d'Aspir; car les vues charmantes que Belzoni avait admirées dans sa première excursion, lui firent désirer de les revoir encore, et d'observer le plaisir avec lequel ses compagnons les remarqueraient eux-mêmes. Mais les îles ne paraissaient pas si nombreuses, et le fleuve ne formait pas ces tourbillons pleins d'écume qui donnaient tant de variété à ce pays. Cependant la vue était encore très-belle, et Belzoni fut charmé de la revoir.

Revenus au bateau, ils passèrent la nuit sur le fleuve; le lendemain matin ils traversèrent, et entrèrent dans un petit enfoncement du Nil, ou ils arrêtèrent leur barque auprès du village de Wadyhanfa, et revinrent le soir même à Ybsambul.

EMILIE : Et les cacheffs y étaient-ils arrivés?

Mme JULIEN : Non; mais après avoir attendu patiemment pendant une semaine entière, ils arrivèrent enfin et se logèrent dans de petites cabanes faites de jonc, sur les bords sablonneux du fleuve. Belzoni et ses amis se rendirent chez eux, et obtinrent la permission de recommencer leurs travaux le lendemain matin, avec le secours de trente hommes.

BERNARD : Ah! maman, je suis impatient de savoir comment ils réussirent. J'espère au moins, cette fois-ci, que ces gens ne demanderont pas, au pauvre Belzoni, plus d'argent qu'il ne leur en peut donner. Quel désagrément de parler toujours d'intérêt!

Mme JULIEN : Le matin les ouvriers parurent, et les travaux commencèrent avec beaucoup d'activité. Vous vous rappelez les monceaux de sable qui empêchaient d'y entrer?

ALPHONSE : Oh! parfaitement bien. Belzoni jugea, d'après des calculs, que le sable ne pouvait avoir moins de trente-cinq pieds de profondeur; c'est plus profond que notre maison n'est haute! et comment tout ce sable se trouvait-il en cet endroit?

Mme JULIEN : C'était une masse amoncelée par les vents pendant plusieurs siècles : et peut-être que le phénomène qui est si ordinaire en Egypte y avait encore ajouté.

ALPHONSE : Je me rappelle que tu nous as parlé des vents brûlans qui durent deux ou trois jours, et qui élèvent des nuages si épais de sable, qu'ils suffoquent presque tous ceux qui osent s'aventurer à sortir pendant cette époque. Est-ce de ces vents que tu veux parler, maman?

Mme JULIEN : C'est à-peu-près quelque chose de semblable, mon cher ami. Je voulais te parler des tourbillons qui ont lieu en Egypte pendant tout le cours de l'année, mais surtout à l'époque de ces vents empoisonnés. Ce vent souffle ordinairement du sud-ouest, et dure plusieurs jours. Il est si fort qu'il élève le sable à une hauteur immense, et forme un nuage épais dans les airs. Pendant ce temps, les caravanes ne peuvent s'avancer dans les déserts, les bateaux ne peuvent continuer leurs voyages, tout le pays est en désordre. Il arrive souvent qu'une grande quantité de sable et de petites pierres s'élèvent, par degrés, très-haut, et forment une colonne de soixante ou soixante-dix pieds de diamètre, et si épaisse que si elle s'arrêtait à un seul endroit, elle aurait l'air d'une masse solide. Quelquefois elle se soutient en mouvement pendant une demi-heure; et, dans l'endroit où elle tombe, elle forme une montagne de sable. C'est la seule manière dont je puisse me rendre compte de la quantité prodigieuse de sable qui s'était amoncelée devant la porte du temple.

Alphonse : Belzoni voulait absolument parvenir jusqu'à cette porte, parce qu'il pensait que c'était le moyen le plus prompt d'entrer dans ce temple, n'est-ce pas, maman?

Mme Julien : Oui. Il partagea les hommes en deux bandes, et en plaça une de chacun des côtés que l'on voyait au-dessus de l'entrée. Ils travaillaient assez bien; mais ils étaient si peu nombreux, que le peu de sable qu'ils enlevaient s'apercevait à peine. Voyant que ce serait une affaire très-ennuyeuse, si on la continuait de cette manière, Belzoni proposa au cacheff de payer trois cents piastres pour ouvrir le temple, et la proposition fut acceptée par le cacheff et les ouvriers.

Alphonse : Trois cents piastres! maman, est-il possible? il y avait de quoi acheter trois femmes, à Gournou.

Mme Julien : Ils continuèrent leurs travaux avec beaucoup d'ardeur, pensant qu'ils pourraient le finir pendant ce temps; mais le soir du troisième jour, on ne voyait pas la porte plus que le premier. Ils se lassèrent à la fin, et, sous quelques mauvais prétextes, ils abandonnèrent le temple, le sable et le trésor, se contentant de garder les trois cents piastres, qui, malheureusement, avaient été payées d'avance.

Emilie : Quelle conduite indigne ! c'est affreux ! Comment Belzoni et ses amis s'arrangèrent-ils, maman ?

Mme Julien : Ils prirent la résolution de travailler eux-mêmes. Ils n'étaient que sept ; mais les gens de l'équipage ayant offert leurs services, ils se trouvèrent quatorze en tout.

Alphonse : Mais quatorze à la place de quatre-vingt ! En vérité, maman, je crois que c'est vouloir tenter l'impossible.

Mme Julien : Trouvant que chacun d'eux faisait autant que cinq de ces ouvriers intéressés, ils se décidèrent avec joie à continuer. Ils se levaient tous les matins au point du jour, et quittaient le travail deux heures après le lever du soleil. Après avoir continué régulièrement leur entreprise pendant plusieurs jours, ils aperçurent une saillie grossièrement construite dans la muraille, qui semblait indiquer que le travail n'avait pas été fini, et qu'il n'y avait pas de porte en cet endroit.

Bernard : Quel fâcheux contre-temps ! cependant j'espère qu'ils n'auront pas abandonné leur travail pour cela.

Mme Julien : Plusieurs des ouvriers commencèrent à perdre toute espérance. Néanmoins ils redoublèrent d'efforts et terminèrent leurs travaux ; car trois jours après, ils découvrirent une corniche brisée, le lendemain le torse; et conséquemment la frise était au-dessous, ce qui les rendit presque sûrs de trouver la porte le jour suivant. Belzoni éleva une palissade pour retenir le sable ; et, vers l'approche du soir, il vit, à sa grande satisfaction, la partie supérieure de la porte. Ils enlevèrent assez de sable pour pouvoir entrer cette nuit là même ; mais pensant que l'air, dans ces sombres cavernes, pourrait être désagréable et mal sain, ils différèrent jusqu'au jour suivant.

Ce fut le matin du 1er août qu'ils allèrent vers le temple, pleins de joie, en pensant qu'ils allaient entrer dans un lieu nouvellement découvert. Ils s'efforcèrent d'agrandir l'entrée autant que possible : le passage fut bientôt assez large, et ils entrèrent dans le temple le plus beau et le plus étendu de la Nubie, et qui pouvait rivaliser avec tous ceux de l'Egypte, excepté le tombeau plus récemment découvert à Bebannelmalook. Ce qui frappa d'abord leur pensée, au premier coup-d'œil, ce fut la grandeur de ce lieu; mais leur étonnement augmenta lorsqu'ils virent que c'était également un des temples les plus magnifiques, enrichi de statues, de peintures et de tableaux ! Ils entrèrent d'abord sous un long portique, soutenu par deux rangées d'immenses colonnes carrées. Ces colonnes, ainsi que les murs, étaient partout couvertes d'hiéroglyphes qui représentaient des batailles, des siéges, des victoires gagnées sur les Ethiopiens, et différens sacrifices.

BERNARD : Veux-tu me dire, maman, ce que tu entends par hiéroglyphes?

Mme JULIEN : Très-volontiers, mon ami; c'est toujours un plaisir pour moi de contenter mon petit Bernard. Avant l'invention des lettres, les Egyptiens, par leurs observations sur les différentes qualités des animaux et des plantes, par la connaissance des instrumens de mécanique, avaient imaginé, avec leur adresse ordinaire, une foule de devises et d'emblêmes; et au moyen de ces emblêmes, placés dans de certaines positions, ils savaient composer leurs annales historiques, qui pourraient être très-bien entendues par ceux qui connaîtraient leur système, et ces devises ou emblêmes étaient appelés hiéroglyphes.

BERNARD : Alors, par ce moyen, maman, je pense que Belzoni parvint à connaître toute l'histoire de ce pays?

Mme JULIEN : Tu oublies que le célèbre Belzoni lui-même, avec toute sa science, ne connaissait pas plus que nous le système hiéroglyphique. Il y a déjà plusieurs siècles que ce système n'est plus en usage; car sitôt que les lettres, ces caractères simples et faciles, furent inventées, on laissa de côté ces signes emblématiques.

ALPHONSE : Les lettres ont-elles été inventées par les Egyptiens?

Mme JULIEN : Oui; on croit qu'elles ont été inventées par quelques sages du règne de Cadmus, roi de Thèbes?

BERNARD : Pourquoi dis-tu, maman, qu'on le croit? est-ce que tu n'en es pas sûre?

Mme Julien : Non, mon ami, je ne peux pas en être sûre. Comme je ne vivais pas sous le règne de Cadmus, je ne peux pas prétendre prouver la vérité de cette assertion, quoique je ne voie aucune raison d'en douter. Tu sais que l'Egypte a toujours été appelée la mère de la science.

Alphonse : Quelle ingénieuse invention, cependant, quel qu'en soit l'inventeur ! Car, par la combinaison des lettres, il n'y a aucun son qui ne puisse être représenté : mais quand les hiéroglyphes étaient en usage, il devait y avoir nécessairement autant de caractères que d'idées. Si tu veux nous indiquer quelques-uns des signes que les anciens employaient pour représenter certains objets, je crois que Bernard comprendra plus facilement le sujet dont nous parlons.

Mme Julien : Les caractères dont on se sert encore maintenant pour représenter les signes du zodiaque et les planètes, peuvent servir d'exemple de cette espèce d'écriture; un cercle, ou un serpent qui se mord la queue, sont employés pour donner une image de l'éternité; des flammes toujours en mouvement représentent la lumière et la vie; le lion ou le taureau indiquent la force; le milan l'agilité, et ainsi de suite. Je t'en nommerai encore beaucoup d'autres une autre fois. Suivons maintenant Belzoni dans ce temple qu'il vient de découvrir.

La seconde salle dans laquelle ils entrèrent était très-large et très-grande, et soutenue par quatre fortes colonnes; il y avait ensuite une chambre plus petite qui conduisait au sanctuaire. Au milieu du sanctuaire il y avait un piédestal, et, au bout, quatre figures colossales. A la droite de la grande salle, en entrant dans le temple, ils trouvèrent deux portes à peu de distance l'une de l'autre, qui conduisaient à deux grandes chambres séparées, et ces chambres conduisaient à des galeries et à d'autres appartemens. Ainsi, vous pouvez vous imaginer quel plaisir Belzoni trouva dans ces lieux dont tous les objets le frappaient d'étonnement et d'admiration.

Laure : L'extérieur du temple étaient aussi magnifique que l'intérieur; imaginez-vous seulement que ce temple était trois fois aussi élevé que la maison que nous habitons ; représentez-vous d'immenses colosses, la figure d'Osiris de vingt pieds de haut; au-dessus de la porte, la corniche enrichie d'hiéroglyphes, et la frise au-dessous; rappelez-vous en même temps que les deux tiers de cet immense édifice étaient couverts de sable, vous ne pourrez alors vous empêcher d'admirer le travail et la constance qui ont été nécessaires pour y entrer.

Mme Julien : Belzoni reconnut maintenant la vérité de ma maxime : *Labor omnia vincit.* Il fut bien récompensé de toutes ses peines et de ses inquiétudes; il avait oublié la conduite vile des ouvriers, il ne regrettait plus les machines dont il avait eu tant besoin, il avait atteint l'objet de ses désirs, il était entré dans le temple d'Ybsambul, taillé dans le roc, et, au bout de quelques semaines, il s'en retourna plein de joie à la petite île de Philoé, où il trouva Mme Belzoni qui se joignit à la société, et les accompagna à Thèbes.

Emilie : Pendant qu'ils sont dans cet endroit, ils vont visiter sans doute la vallée de Beban el Malook, et ensuite les Pyramides, auprès du Caire. J'ai encore une question à te faire, maman; je crois que le célèbre tombeau, dans le Salon Egyptien, à Londres, dont j'ai tant entendu parler, est la copie d'un tombeau que Belzoni découvrit dans la vallée de Beban el Malook : comment l'a-t-il découvert?

Mme Julien : Je ne peux pas te le dire à présent, ma chère Emilie, il faut que je vous quitte quelques instans; mais vous pouvez aller vous amuser dans la prairie, et relever en même temps le petit amandier que le vent a presque renversé.

CHAPITRE III.

Emilie est enchantée d'une description du Groënland. — Belzoni fait des recherches dans la vallée de Béban el Malook. — Il entre dans le tombeau de Psammuthis et le considère avec soin. — Il reçoit une visite de Hamed Aga. — Il retourne au Caire. — Il visite les Pyramides. — L'époque et le but de leur construction sont incertains. — Il pénètre dans une qui, pendant plus de mille ans, avait été regardée comme une masse solide de pierres.

Emilie : Maman, je viens de regarder dans le cabinet de papa, un dessin qui représente des montagnes de glace dans la Zône glaciale, et papa m'a parlé des habitans du Groënland. Il m'a dit que quoique leur pays soit si froid et si désert, ils l'aiment cependant passionnément, et qu'aucun motif ne leur ferait échanger leurs rochers déserts et leurs montagnes de neige, pour les berceaux et les campagnes fleuries des climats plus tempérés; et ce qui m'a amusé encore plus, c'est que papa m'a dit que deux habitans de ce pays furent conduits à Copenhague, capitale du Dannemarck, comme tu le sais, et ils semblaient souffrir de besoin jusqu'à ce qu'ils eussent trouvé, enfin, de l'huile de baleine (tu sais qu'il n'y a rien de plus mauvais), et qu'ils la burent avec le même plaisir que nous prenons une tasse de chocolat ou un verre de vin, et ils sautèrent de joie quand on leur dit qu'ils allaient être renvoyés au Groënland. Pourquoi aiment-ils donc un pays aussi froid? le dessin seul m'en fait frissonner encore.

Mme JULIEN : L'habitude, ma chère enfant, nous rend toutes les situations de la vie agréables, et d'ailleurs, un sentiment naturel nous attache toujours à notre pays natal. L'habitude a appris aux habitans du Groënland à lutter contre le froid et l'hiver le plus dur, et à souffrir les désagrémens d'une existence pauvre et misérable. Ils ne connaissent pas même, en idée, le plaisir que nous trouvons dans nos bois, dans nos bosquets et nos prairies, tandis que d'agréables zéphyrs murmurent dans le feuillage et que les petits oiseaux, vers le soir, semblent rivaliser entre eux dans leurs hymnes de reconnaissance et de tendresse; ils ne conçoivent pas quel charme nous trouvons à chercher les premières feuilles que le printemps fait naître, et à admirer les riches couleurs des fleurs de l'été, ou les teintes si variées des fruits de l'automne. Comment pourraient-il regretter des plaisirs dont ils n'ont aucune connaissance? Leur année est partagée en un jour et une nuit. Le soleil ne se lève jamais chez eux pendant l'hiver, et ne se couche pas pendant le peu de temps que leur été dure.

EMILIE : Oh! maman, quel pays triste et sombre! je ne crois pas que je pusse aimer le Groënland, même si j'y étais née.

Mme JULIEN : Comme je te l'ai dit, ce pays est placé au milieu des montagnes de neige, où la lune fait à peine entrevoir sa grave lumière; il règne en ces lieux un hiver éternel, et les habitans, toujours glacés de froid, restent cachés pendant plus de la moitié de l'année dans des cavernes remplies de fumée.

EMILIE : Des cavernes remplies de fumées! Continue, ma chère maman; je voudrais bien connaître comment sont ces cavernes?

Mme JULIEN : Leurs habitations sont à moitié cachées dans la terre, et recouvertes de poutres et de solives. Les murailles sont formées de terre et de gazon, et les intervalles sont remplis de tourbe et de terre fine; toute cette construction est couverte de peaux qui mettent les habitans à l'abri des injures du temps. L'intérieur de ces habitations n'est pas beaucoup plus beau que l'extérieur. Il n'y a ni porte ni cheminée. Au lieu de ces appartemens pompeux que nous voyons dans les maisons des grands et des galeries qui y conduisent, l'entrée de leur demeure est un long et sombre passage, dont le plafond est si bas, que pour y pénétrer, ils sont obligés de marcher sur leurs mains et sur leurs genoux. Au lieu de belles tentures de papier et d'élégans rideaux de soie, les murs sont couverts de peaux sèches d'ours, de renard et d'autres animaux sauvages, pour les garantir de l'humidité. Comme ils ne connaissent pas l'usage du verre, les ouvertures par lesquelles ils introduisent la lumière dans leurs demeures, sont mises à l'abri du froid par les substances membraneuses de veaux marins. Un banc garni de peaux leur sert alternativement de lit et de sopha, et s'étend tout le long de la maison, dont des peaux immenses forment les différentes séparations, et ces peaux sont attachées aux murailles de leurs cabanes et aux poutres qui en soutiennent le toit.

EMILIE : C'est tout-à-fait comme les séparations d'une écurie, et chacun de ces appartemens séparés, est habité, je pense, par une famille différente qui peut s'occuper de ses affaires sans s'embarrasser de ses voisins.

Mme JULIEN : Précisément ; que penses-tu de la demeure des petits habitans du Groënland ?

EMILIE : En vérité, maman, je me crois très-heureuse de ne pas y être, et cependant je préférerais encore une de leurs cabanes remplie de fumée aux sombres souterrains de momies qui sont à Gournou. Papa m'a dit aussi que quoique la figure des habitans du Groënland soit désagréable, et que leurs mœurs soient sauvages, ils ne sont pas pourtant perfides comme les Arabes qui accompagnèrent Belzoni, lorsqu'il entra dans ce triste caveau de momies dont tu nous as parlé.

Mais à propos, nous oublions cet agréable voyageur ; nous l'avons laissé à Thèbes, maman, et il allait alors visiter les tombeaux des rois ; est-ce que tu n'as pas encore quelque chose à nous dire de lui ? Oh oui ! ma chère maman, oh oui ! s'écria Bernard, en entendant prononcer le nom de Belzoni ; et quoique Bernard fut grandement occupé à remettre en ordre les morceaux de sa carte découpée, il s'empressa de quitter cet amusement pour entendre parler des tombeaux des rois, et il remit les morceaux de sa carte dans sa boîte... Voilà, voilà la Russie ; le grand empire Russe, maman ; voilà la Suisse avec ses belles montagnes, sur lesquelles les chamois bondissent de rocher en rocher ; les Suisses aiment leur pays autant que les habitans du Groënland aiment le leur. Tiens, voilà l'Italie, avec ses bosquets d'orangers; regarde ici, Emilie, voilà ta chère Laponie.

Emilie : Oui, Laure m'a dit que dans des pays de la laponie, couverts de neige, on voit fleurir souvent des lys et des roses. Laure lisait dernièrement le voyage de Linné dans la Suède et la Laponie, et elle m'assure qu'il parle de beaucoup de fleurs que nous-même regardons comme très-belles et qui fleurissent aussi dans ces endroits...

Bernard : Arrête! ma chère Emilie, j'ai remis toute ma carte en ordre dans la boîte; ainsi, ne nous parle plus de tes fleurs et de tout le reste : viens t'asseoir auprès de maman qui va nous continuer l'histoire du voyage de Belzoni; je suis sûr que nous allons apprendre des aventures étonnantes; tu sais qu'il est allé à Beban el Malook, et pour ma part, j'aimerais cent fois mieux entendre parler des tombeaux des rois dans la vallée de Beban el Malook, que tout ce que tu pourrais me dire de Linné et de ses fleurs.

Emilie : Ah Bernard! tu n'es pas plus botaniste que Méhémed-Ali qui s'amusait à tirer sur un pot de terre, lorsqu'il était entouré de toutes les beautés de la nature. Cependant j'aime autant Belzoni que tu peux l'aimer ; veux-tu me continuer son histoire, ma chère maman?

Mme Julien : Quand nos voyageurs arrivèrent à la ville de Luxor qui n'est pas loin de Thèbes, vous vous rappelez qu'ils reprirent leur ancien logement dans le temple, et se retrouvèrent, pour ainsi dire, encore une fois chez eux; car ces deux endroits leur étaient très-bien connus. Les deux capitaines partirent pour le Caire, et M. Beeckey s'occupa à prendre différentes vues, tandis que Belzoni recommença ses recherches à Gournou; il rencontra, en cet endroit, deux autres agens de M. Drovetti, occupés à faire fouiller la terre sur tous les points, et ils avaient déjà été assez heureux dans les recherches qu'ils avaient faites sur les momies.

Alphonse : Combien cela est désagréable, maman; je voudrais bien que cet ennuyeux M. Drovetti gardât ses agens à Alexandrie et ne les envoyât pas déranger les plans de Belzoni. Mais dis-moi, ces deux nouveaux agens étaient-ils aussi désagréables que les deux Coptes qui l'ont déjà dérangé une fois, et qui l'ont forcé de voyager jour et nuit, depuis *Minich* jusqu'à Thèbes?

Mme JULIEN : Ces hommes n'étaient pas des Coptes, mais des Piémontais.

EMILIE : Du Piémont, maman; c'est un des pays les plus peuplés et les plus charmans de l'Italie.

Mme JULIEN : Quoiqu'ils contrariassent un peu les plans de Belzoni à Gournou, ils ne lui firent pas cependant beaucoup de tort; car lorsqu'il s'aperçut qu'il était inutile de continuer ses travaux en cet endroit, il tourna sa pensée vers la vallée de Beban el Malook, certain qu'il trouverait, dans cette vallée, assez de motifs d'encouragement.

BERNARD : Oh! oui! il espérait découvrir les tombeaux des rois. Mais avant de continuer, maman, veux-tu me dire quelque chose sur ces tombeaux, et si la vallée est près de Gournou, car si elle l'est, les agens de M. Drovetti pourraient bien être informés des opérations de Belzoni et quitter leur ouvrage, en prétendant qu'ils désiraient l'assister.

Mme JULIEN : Belzoni n'avait rien à craindre de ce côté. La vallée de Beban el Malook est le lieu où les rois d'Egypte étaient ensevelis, et il pensa qu'il pourrait peut-être découvrir quelques-unes de leurs momies; elle est entièrement séparée de Gournou par une chaîne de hautes montagnes qui en séparent aussi la ville de Thèbes. Les mêmes rochers entourent également le lieu de la sépulture, où l'on ne peut parvenir que par une seule entrée naturelle qui forme une espèce de porte, ou en traversant la montagne par des sentiers escarpés. Les tombeaux sont tous taillés dans le rocher, dont la pierre dure et calcaire est aussi blanche que la pierre peut l'être; ils consistent ordinairement en un long passage qui conduit à un escalier, quelquefois il y a une galerie et d'autres chambres de chaque côté. En avançant un peu, on trouve des appartemens plus larges, et d'autres passages ou des escaliers, jusqu'à ce qu'enfin le voyageur se trouve dans une immense salle, où un grand sarcophage contient les restes des rois.

BERNARD : Qu'est-ce donc, maman, qu'une pierre calcaire.

EMILIE : J'ai lu dans mon dictionnaire, Bernard, que *calcaire* vient du mot *calx*, qui veut dire, en latin, de la chaux; ainsi, une pierre calcaire, signifie, je pense, une espèce de pierre à chaux.

ALPHONSE : Quels ouvriers Belzoni employa-t-il? j'espère qu'il ne leur offrira pas, cette fois, trois cents piastres, et je suis sûr que l'expérience l'aura appris à ne pas les payer d'avance.

Mme JULIEN : Il parvint à se procurer vingt hommes, et soutenu par l'espérance, il commença à faire des recherches pour trouver les tombeaux des monarques de Thèbes.

EMILIE : Avait-il quelque guide pour le conduire à l'endroit où ils étaient?

Mme JULIEN : Il n'avait pour guide que les connaissances qu'il avait acquises au milieu des tombeaux de Gournou. Vous avez déjà dû remarquer que M. Belzoni est un très-habile observateur; il s'était aperçu que les Egyptiens avaient une manière particulière de construire les entrées de leurs tombeaux, ce qui lui fut extrêmement utile pour les découvrir. Trois jours après avoir commencé ses travaux, les premiers tombeaux furent découverts; l'entrée semblait promettre un monument considérable, mais il trouva, en avançant, que ce n'était qu'un passage qui n'avait jamais été terminé. Cependant ce léger succès l'encouragea en lui montrant, du moins, que son opinion sur leur situation était exacte. Le soir du même jour, un autre tombeau fut découvert, mais il n'y trouva rien de bien remarquable. Le lendemain, une entrée fut pratiquée dans un autre tombeau qui renfermait plusieurs passages et plusieurs chambres. Mais ce ne fut que quelques jours après que Belzoni découvrit l'endroit fortuné qui le paya de toutes ses peines et le récompensa de toutes les mortifications qu'il avait reçues en apprenant les entreprises des Piémontais. Il nous assure dans ses mémoires que ce jour lui procura plus de plaisirs et de satisfactions que les richesses ne surent lui en donner. Il venait de découvrir ce qui avait été long-temps cherché envain; il allait présenter au monde, un nouveau monument, un ouvrage parfait de l'antiquité égyptienne; un tombeau supérieur à tous ceux que l'on avait vus jusqu'alors, par sa grandeur, son style et sa conservation, car il semblait avoir été terminé le jour même ou Belzoni y entra, et ce qu'ils y trouvèrent, montre assez sa supériorité sur tous les autres.

Emilie : Ah ! nous allons entendre la description du tombeau, dont Laure a vu le modèle à Londres et que j'espère voir bientôt aussi.

Mme Julien : A quinze pas environ du dernier tombeau qu'il venait de découvrir, Belzoni fit ouvrir la terre au pied d'une colline escarpée, et sous un torrent, qui, lorsqu'il pleut dans le désert, verse une grande quantité d'eau sur l'endroit même où il voulait faire travailler.

Laure : Mais, maman, comment pouvait-on s'imaginer que les anciens Egyptiens auraient voulu faire l'entrée de cet immense et magnifique souterrain dont tu nous as parlé, juste au-dessous d'un torrent.

Mme Julien : Belzoni avait de fortes raisons de le penser, d'après plusieurs observations qu'il avait faites. Les Fellahs, qui étaient accoutumés à fouiller la terre, l'assurèrent tous qu'il ne pouvait rien y avoir dans cet endroit, parce que la situation de ce tombeau différait de celle de presque tous les autres. Cependant il continua l'ouvrage, et le lendemain il aperçut la partie du rocher qui était taillée et en formait l'entrée. Le lendemain matin de bonne heure les travaux furent repris, et au milieu du jour environ, les ouvriers parvinrent à l'entrée, qui était placée dix-huit pieds au-dessous de la surface de la terre.

Bernard : Notre salon n'est pas plus élevé ; continue, maman.

Mme Julien : Tout, à l'extérieur, annonçait un tombeau du premier rang, mais Belzoni ne s'attendait pas à en trouver un aussi magnifique.

Emilie : J'espère, au moins, que les ouvriers auront de la résolution, et seront animés par la constance de Belzoni.

Mme Julien : Ils avancèrent jusqu'à ce qu'ils aperçurent que ce devait être un très-grand tombeau. Ils protestèrent alors qu'ils ne pouvaient aller plus loin, parce que le passage était obstrué par des pierres immenses qu'ils ne pouvaient en faire sortir. Belzoni descendit lui-même pour examiner les travaux, et leur montra un endroit où ils pouvaient creuser. Au bout d'une heure, il y eut assez de place pour lui permettre d'entrer à travers un passage que la terre avait laissé sous le plafond du premier corridor; au bout de ce corridor, il parvint à un long escalier au pied duquel il trouva une porte qui conduisait dans un passage encore plus long, dont chaque côté était orné de sculptures hyéroglyphiques en bas-relief. Plus Belzoni voyait ces lieux, plus il désirait avancer.

ALPHONSE : Cela est tout naturel, maman; quand une fois notre curiosité est attachée à un objet, il est juste de la satisfaire, surtout si c'est une curiosité louable.

Mme JULIEN : Son empressement toutefois fut arrêté pendant quelques instans, car au bout de ce long corridor, il trouva un immense précipice qui l'empêchait d'avancer. Ce précipice était aussi profond que notre maison est élevée.

BERNARD : Il fera bien de prendre garde à lui. Il pourrait bien crier en vain : « Je suis perdu. »

Mme JULIEN : De l'autre côté du précipice, vis-à-vis l'entrée, Belzoni aperçut une petite ouverture qui avait deux pieds de large sur deux pieds de haut, et au bas de la muraille, une grande quantité de décombres. Une corde attachée à un morceau de bois qui était placé le long du passage et était appuyé sur une espèce de porte, paraissait avoir été employée par les anciens pour descendre dans ce précipice; et à la petite ouverture du côté opposé pendait une autre corde qui allait jusqu'au fond et était sans doute destinée pour remonter. Ils s'aperçurent que l'eau qui entrait dans ce passage par les torrens de pluie, se jetait dans ce précipice, et le bois et la corde qui étaient attachés tombaient en poudre en les touchant. Au fond du précipice, il y avait plusieurs morceaux de bois pour aider la personne qui était descendue à remonter avec la corde.

ALPHONSE : Oh ! maman, je pense bien que Belzoni aura trop de prudence pour exposer sa vie en cherchant à traverser cet endroit dangereux; si tu ne m'avais pas assuré qu'il est encore en vie, je me serais imaginé qu'il s'y était déjà perdu. Cette corde pourrie pouvait bien servir aux anciens Egyptiens dans les siècles passés, mais elle n'aurait pu maintenant résister au poids de Belzoni.

Mme Julien : Il vit bien qu'il était impossible d'avancer pour le moment, et M. Beechey qui était avec lui, lui conseilla de ne pas s'y exposer. Cependant, le jour suivant, au moyen d'une longue poutre, ils firent avancer un homme jusqu'à l'ouverture dont je vous ai parlé, et ayant fait un petit pont de deux poutres, ils traversèrent le précipice.

Bernard : Etait-il bien large, maman?

Mme Julien : Il avait quatorze pieds de largeur, douze pieds de longueur et trente pieds de profondeur.

Bernard : Oh! maman, je t'assure que, pour moi, je n'aurais pas voulu passer sur ce petit pont si étroit!

Alphonse : Mais je t'assure, Bernard, que je l'aurais fait, moi! Songe combien de plaisirs Belzoni eût perdus, s'il n'avait pas été aussi courageux! A quel endroit cette petite ouverture conduisait-elle, maman? Mais je m'étonne que les Egyptiens se donnassent tant de peines : ce devait être bien désagréable d'avoir toujours à traverser ce terrible précipice.

Mme Julien : Ils trouvèrent que cette petite ouverture n'était qu'un passage pratiqué dans un mur qui avait entièrement fermé l'entrée, qui était aussi grande primitivement que le corridor. Les Egyptiens l'avaient fermée avec beaucoup de soin, et avaient peint tout le mur et l'entrée comme tous les autres endroits qui environnaient le précipice, de sorte que, sans l'ouverture, il eût été impossible de penser qu'il y eût moyen d'avancer plus loin; tout le monde se serait imaginé que le tombeau s'arrêtait au précipice.

Alphonse : Belzoni et son ami entrèrent dans cette étroite ouverture. Où conduisait-elle donc, maman?

Mme Julien : Quand ils l'eurent passée, ils se trouvèrent dans une grande et belle salle dans laquelle ils remarquèrent quatre colonnes carrées. Au bout de cette salle d'entrée était une large porte, d'où, en descendant trois marches, on entrait dans une chambre soutenue par des colonnes. Belzoni appela cette chambre le salon, pour la distinguer des autres; elle était partout entourée de figures, qui, quoique seulement tracées, étaient encore si belles et si parfaites, que l'on aurait pu croire qu'elles avaient été terminées la veille. En retournant à la salle d'entrée, ils trouvèrent un grand escalier qui conduisait à un grand corridor, où ils entrèrent. Ils s'aperçurent que plus ils avançaient dans l'intérieur, plus les peintures étaient parfaites; le vernis placé sur les couleurs avait le plus bel effet, et elles étaient étonnamment bien conservées. Ce corridor les conduisit à une chambre plus petite, qu'ils appelèrent la chambre des beautés.

BERNARD : La chambre des beautés, maman! Pourquoi l'ont-ils nommée ainsi, maman?

Mme JULIEN : Je pense que cette chambre était ornée de belles figures peintes et en bas-relief. Quand le voyageur est au milieu de cette chambre, il est comme entouré d'une assemblée de déesses et de dieux égyptiens. Un peu plus loin, ils entrèrent dans une grande salle dans laquelle il y avait deux rangées de colonnes.

BERNARD : Celle-là était sans doute la salle des colonnes?

Mme JULIEN : Oui, c'est-là le nom que Belzoni lui donna. Au bout de cette salle des colonnes, on descendait une marche qui conduisait dans un grand sallon, dont le plafond formait une espèce d'arche, et de ce salon, on pouvait passer dans beaucoup d'autres chambres et appartemens; mais ce que Belzoni trouva au milieu du salon, le charma plus que tout le reste, et lui fit oublier en un moment tous les dangers qu'il avait éprouvés en traversant le petit pont construit sur le précipice.

C'était un sarcophage du plus bel albâtre qui puisse se trouver en Orient, de neuf pieds de long sur trois pieds de large, orné au-dedans et à l'extérieur de plusieurs figures sculptées, représentant, je pense, toutes les processions et les cérémonies funèbres que l'on avait faites en l'honneur du roi décédé. Il était couvert de devises et d'emblêmes. Mais il serait trop long de vous donner un détail circonstancié de tout ce que M. Belzoni aperçut dans ce tombeau ; vous en verrez le dessin à Londres, et vous pourrez alors en même temps considérer les copies des peintures, des hiéroglyphes, des emblèmes et des ornemens qu'il contenait.

Alphonse : Mais ces emblèmes n'étaient-ils donc d'aucune utilité, maman? Belzoni ne put-il les déchiffrer assez pour savoir au moins quel monarque était déposé dans ce tombeau?

Mme Julien : Je t'ai déjà dit, mon enfant, que le système hiéroglyphique a été oublié depuis plusieurs siècles, et il est par conséquent presque impossible d'avoir aucune certitude sur les faits qu'on en déduit. Un auteur très-distingué s'est dernièrement occupé avec beaucoup de zèle à chercher la véritable clef de ce langage inconnu. S'il réussit dans cette entreprise importante et difficile, il pourra donner au monde l'histoire d'une des plus anciennes nations, et dont nous ne connaissons presque rien encore. Dans la salle des colonnes dont je vous parlais tout à l'heure, une compagnie d'Ethiopiens était peinte et distinguée par leurs couleurs et leurs ornemens. Le littérateur dont je vous parle a trouvé le nom de Psalmutis parmi les hiéroglyphes. Psalmutis fit la guerre contre les Ethiopiens, et l'on pense que ce pourrait bien être son tombeau. Les Arabes firent grand bruit de la découverte de Belzoni; cette nouvelle parvint enfin aux oreilles d'Hamed, aga de Kenneh, et on lui dit en même temps qu'un grand trésor avait été trouvé dans ce tombeau.

Alphonse : C'en était assez pour exciter sa curiosité; mais pas assez pour la satisfaire. Il est capable de partir en toute hâte pour aller chercher ce grand trésor, et il aura bien mérité le désappointement qu'il rencontrera.

Mme Julien : Oui, sans doute. Aussitôt qu'il reçut cette importante nouvelle, il rassembla ses soldats et partit pour Thèbes, qui est ordinairement un voyage de deux jours; mais il alla avec tant de rapidité, qu'il arriva dans la vallée de Beban el Malook dans l'espace de trente-six heures.

Alphonse : Belzoni doit avoir été bien étonné quand il le vit, en apprenant le sujet ou le motif de sa ridicule expédition, et Hamed-Aga doit avoir été assez mortifié de voir que toute la peine qu'il s'était donnée était inutile ; car je ne pense pas qu'il ait trouvé beaucoup de plaisir à regarder les tableaux et les figures.

Mme JULIEN : Avant son arrivée, quelques Arabes vinrent avertir Belzoni et son ami qu'ils avaient vu, du sommet de la montagne, un grand nombre de Turcs à cheval entrant dans la vallée, et se dirigeant vers eux.

ALPHONSE : Cette nouvelle ne devait pas leur être bien agréable, je pense. Je me rappelle, maman, que tu nous as dit que les Turcs se croyaient maîtres de ce pays, parce que les Arabes avaient été conquis par eux ; mais si j'avais été à la place de Belzoni, je n'aurais pas dutout aimé cette interruption.

Mme JULIEN : Belzoni ne pouvait concevoir ce que ce pouvait être, attendu qu'il n'avait jamais vu de Turcs dans ces environs. Une demi-heure après, ils donnèrent le signal de leur arrivée en tirant plusieurs coups de fusil.

ALPHONSE : Je pense qu'il dut être bien effrayé. Cependant, non : il avait trop de courage pour s'effrayer si facilement ; mais si j'avais été à sa place, j'aurais craint que ce ne fût une troupe armée envoyée pour ravager les tombeaux et les rochers, et pour faire sauter la salle des colonnes et la chambre des beautés.

Mme JULIEN : C'est ce que Belzoni redouta d'abord ; mais il apprit bientôt que c'était Hamed, aga de Kenneh, qui avait été, pendant quelques temps, commandant d'un pays à l'est de Thèbes, qui venait avec sa suite.

ALPHONSE : Mais qu'avait-il à faire dans la vallée de Beban el Malook ? Elle est à l'ouest, comme tu sais, et par conséquent gouvernée par un autre chef.

BERNARD : Oh ! je pense que, dans le cas de la découverte d'un trésor, le premier qui en reçoit la nouvelle se croit toujours en droit de le réclamer.

Mme JULIEN : Oui, c'est une chose reconnue. Quand Hamed-Aga se présenta devant Belzoni, il le salua avec un sourire d'estime et de cordialité, ce qui était sans doute le résultat de son intérêt personnel. Ils firent apporter plusieurs lumières et descendirent ensemble dans le tombeau. Les emblêmes mystérieux, sculptés sur les murailles de ce lieu extraordinaire, n'attirèrent pas un instant son attention; il ne tourna pas même les yeux sur les belles figures et les peintures dont les couleurs étaient si vives; ses vues étaient portées tout entières vers le trésor; et les gens de sa suite, également indifférens aux beautés de ces lieux, cherchaient, dans tous les trous et dans tous les coins, le butin qu'ils avaient tant désiré. Comme ils ne voyaient rien cependant qui pût contenter leur avarice et celle de leur maître, après de longues et minutieuses recherches, l'aga ordonna à ses soldats de se retirer; et, s'approchant de Belzoni d'un air mystérieux, il lui demanda où il avait mis le trésor. — Quel trésor? dit Belzoni. — Celui que vous avez trouvé ici, » reprit Hamed. Belzoni ne put s'empêcher de sourire à cette demande, et l'assura qu'il n'avait nullement trouvé de trésor. Mais l'impitoyable aga n'en était que plus persuadé que sa supposition était juste. Il fit semblant de rire et continua à le prier de lui montrer le trésor, en ajoutant : « J'ai été » informé, par une personne digne de foi, que vous avez trouvé ici un grand coffre d'or rempli de dia- » mans et de perles : il faut que je le voie, où est-il? »

BERNARD : Un grand coffre d'or rempli de diamans et de perles! quelle supposition ridicule!

Mme JULIEN : Belzoni fit tous ses efforts pour ne pas éclater de rire en l'assurant qu'il n'avait rien trouvé de semblable dans ces lieux. Hamed, désespéré, s'assit devant le sarcophage. Belzoni craignait qu'il ne se mît dans la tête que ce sarcophage était le trésor dont on lui avait parlé, et qu'il ne voulût le mettre en pièces pour voir s'il renfermait de l'or; et, comme ils n'ont d'autre idée de trésor, que l'or et les bijoux, le sarcophage courait certainement un très grand danger. Cependant, à la fin, désespérant de trouver les richesses qu'il s'était promises, il se leva pour sortir du tombeau. Belzoni lui demanda ce qu'il pensait de ces belles figures qui étaient sculptées de tous les côtés. Il les regarda avec beaucoup d'indifférence, et lui répondit : « Cet endroit pourrait très-bien convenir à un harem, parce que les femmes pourraient s'amuser à considérer les figures. Et quoi qu'il ne fut pas bien persuadé que Belzoni n'avait pas trouvé de trésor, il s'en alla avec un air de mécontentement et de vexation.

EMILIE : Je n'aime pas dutout cet Hamed-Aga, il n'avait pas le moindre goût, n'est-ce pas, maman ?

Mme JULIEN : Qu'appelles-tu goût ?

EMILIE : Laure me dit que c'est une faculté de l'âme qui nous fait sentir et admirer les beautés de la nature et de l'art; d'après cela, je pense qu'Hamed-Aga n'en avait pas. Je me rappelle, en ce moment, un passage que je lisais hier : « Un français, en voyant la mer pour la première fois, peu sensible au » magnifique spectacle qu'elle offre, répondit à ceux qui l'interrogeaient qu'il la trouvait assez jolie. »

Mme JULIEN : Quoique notre aga ne possédât pas dans un bien haut degré le goût dont tu parles, nous ne devons pas penser qu'il ne soit donné qu'à la partie éclairée du genre humain ; au contraire, on le trouve aussi souvent dans l'état grossier de la société et dans un âge peu avancé. Même les tribus sauvages, qui habitent les parties les plus reculées de l'Amérique, contemplent avec étonnement l'immense étendue de leurs lacs, l'Ohyo et l'Ontario, et regardent avec délices la beauté des étoiles célestes.

ALPHONSE : Quoique nés dans un état encore grossier, ils savent sentir et admirer comme nous. Je voudrais bien que ce stupide Hamed-Aga sût un peu mieux apprécier les beautés de la nature, ou qu'il eût la moitié du goût que montrent les sauvages du nord de l'Amérique.

Mme JULIEN : Belzoni, ayant embarqué toutes les antiquités qu'il avait trouvées dans son voyage, quitta Thèbes, et arriva à Boolac après dix mois d'absence.

Là, il engagea le signor Ricci, jeune italien, à revenir avec lui à Thèbes, pour faires des dessins et des copies des hiéroglyphes. Mme Belzoni résolut d'aller, pendant ce temps, dans la Terre-Sainte, et d'attendre Belzoni à Jérusalem, qu'il avait intention de visiter aussitôt que le modèle du tombeau serait terminé.

EMILIE : Mais pourquoi madame Belzoni n'alla t-elle pas avec eux ?

Mme JULIEN : Parce qu'elle n'aimait pas les habitans de Luxor et de Thèbes, et que, d'ailleurs, le principal motif qui l'avait engagée à accompagner M. Belzoni en Egypte, c'était le désir qu'elle avait de visiter la Terre-Sainte; elle profita donc de cette occasion, et partit du Caire avec un janissaire et le domestique irlandais. Belzoni, avant de retourner à Thèbes, résolut de voir les Pyramides avec deux autres Européens. Quelqu'un de vous pourra-t-il me dire où elles sont situées?

EMILIE : Oh! oui, maman, nous n'avons pas oublié que lorsque Belzoni arriva pour la première fois au Caire, il alla les visiter; tu nous as dit alors qu'elles sont répandues de côtés et d'autres, auprès des déserts de la Lybie. Mais avant de continuer, veux-tu nous dire quand et par qui ces Pyramides ont été construites?

Mme JULIEN : Les historiens et les habitans du pays eux-mêmes s'accordent si peu au sujet de leurs fondateurs, que nous pouvons, à l'exemple de Pline, considérer cette incertitude comme une juste punition de la vanité de ceux qui en furent les véritables fondateurs; et comme nous ne pouvons assurer par qui elles ont été construites, ce serait certainement perdre notre temps que de chercher à déterminer l'époque de leur construction. Je crois cependant qu'elles doivent avoir au moins trois mille ans d'antiquité, puisque Hérodote, qui fut un des premiers historiens, et qui vivait il y a plus de deux mille ans, ne put jamais trouver des résultats satisfaisans dans ses recherches sur ces Pyramides; et Diodore, qui vivait aussi avant la naissance de Jésus-Christ, pense que la grande Pyramide a été bâtie mille ans avant lui.

EMILIE : Peux-tu me dire, ma chère maman, pourquoi l'incertitude dans laquelle nous sommes sur leur origine, est une juste punition de la vanité de leurs fondateurs? Je ne comprends pas cela.

Mme JULIEN : On pense assez généralement que ces Pyramides étaient destinées à être des tombeaux et des monumens pour les riches Egyptiens, après leur mort; et ne crois-tu pas, ma chère Emilie, qu'il y avait bien un peu de vanité à passer tant d'années et à dépenser tant d'argent, dans l'intention sans doute de donner, aux siècles futurs, des preuves de leur puissance et des souvenirs de leur grandeur.

EMILIE : Est-ce que tu crois, maman, que ce soit là le seul motif pour lequel elles ont été construites?

Mme JULIEN : Non, ma chère enfant, je ne suis pas assez peu charitable pour penser cela. La théologie égyptienne enseignait à ses sectateurs, que, tant que le corps pouvait être conservé, l'âme y restait attachée. Nous pouvons concevoir facilement, par là, la peine que se donnaient les Egyptiens, et les soins qu'ils prenaient du corps de leurs amis.

EMILIE : Je suis bien contente d'apprendre cela, maman; car j'étais souvent embarrassée de savoir à quoi pouvaient servir ces tombeaux et ces monumens : mais je vois clairement maintenant les raisons qu'ils avaient d'embaumer les momies.

BERNARD : Voilà long-temps que j'attends avec patience, pour que tu me dises si les Pyramides étaient creuses, et ce que Belzoni y fit?

Mme JULIEN : Quelques-unes avaient une entrée, d'autres n'en avaient pas. Tandis que les amis de Belzoni entrèrent dans la première Pyramide, qui est à-peu-près aussi haute que l'église de Saint-Paul à Londres, il s'assit sur une grosse pierre auprès de la seconde Pyramide, qui est à-peu-près de la même hauteur, et fixa ses yeux avec étonnement sur cette masse énorme, qui, depuis tant de siècles, a occupé les recherches des auteurs anciens et modernes.

BERNARD : Je voudrais bien savoir ce qui se passait dans son esprit, pendant qu'il était assis sur cette grosse pierre. Je parierais qu'il méditait quelque projet admirable!

Mme JULIEN : La vue de cet immense édifice l'étonnait; et l'incertitude dans laquelle nous sommes sur son origine, son intérieur et sa construction excitaient sa curiosité. Il voyait devant lui une des plus grandes merveilles du monde, sans savoir s'il pourrait entrer dans l'intérieur, ou si elle n'était qu'une masse solide.

ALPHONSE : Je prévois ce qui va arriver : il y avait, j'en suis sûr, moyen d'entrer dans cette grande pyramide, et Belzoni se proposait de le trouver. Je vois, à ton sourire, que je ne me suis pas trompé.

Mme JULIEN : Différentes tentatives avaient été faites par un grand nombre de voyageurs, pour trouver l'entrée de cette Pyramide; mais elles avaient eu si peu de succès, qu'il n'était pas probable que notre infatigable Belzoni lui-même pût réussir. Cependant l'expérience lui avait appris à ne jamais désespérer du succès; et il savait très-bien que la patience et la persévérance peuvent surmonter les plus grands obstacles.

Il se leva enfin, et, par un mouvement involontaire, fit le tour de la grande pyramide, en examinant tous les côtés et presque toutes les pierres. Quant il vint du côté du nord, plusieurs observations l'engagèrent à chercher l'entrée en cet endroit. Il aperçut un monceau de pierres énormes, et il espérait trouver un passage sous cet amas de ruines. Le jour suivant il résolut d'examiner cet endroit avec plus de soin, et sans communiquer son projet à personne. Ce second examen le décida à continuer l'entreprise, et il s'adressa, sans perdre de temps, au bey, pour lui fournir des hommes qui l'aidassent à pénétrer dans l'une des grandes Pyramides d'Egypte, une des merveilles du monde! Il partit du Caire après s'être procuré une petite tente et des provisions, pour ne pas être obligé de retourner à la ville. Il trouva quatre-vingts Arabes disposés à travailler, et commença aussitôt son entreprise. Il leur paya chaque jour une piastre (ou douze sols) à chacun. Plusieurs enfans de votre âge furent aussi occupés à transporter la terre à mesure que les ouvriers la retiraient des ruines. Belzoni fit en sorte de s'assurer leur zèle, en leur faisant des petits présens de temps à autre, et en leur expliquant l'avantage qu'ils auraient eux-mêmes s'ils pouvaient trouver moyen d'entrer dans cette Pyramide, parce que beaucoup d'étrangers viendraient la voir, et leur donneraient des bakshys.

ALPHONSE : Belzoni savait que rien n'a plus de pouvoir sur l'esprit d'un Arabe, que de lui montrer son intérêt personnel. Ce peuple ne semble comprendre que cela. Quel dommage, maman, que Belzoni n'eût pas quatre-vingts bons ouvriers anglais à la place de ces quatre-vingts Arabes!

Mme JULIEN : Tu as bien bonne opinion de tes compatriotes, si tu penses que l'intérêt de leurs maîtres leur est plus cher que le leur : mais n'importe passons là-dessus.

Ces Arabes travaillèrent avec ardeur pendant plusieurs jours; mais après beaucoup de vaines espérances et beaucoup de peine à enlever le mortier, qui était si dur que leurs haches étaient presque toutes brisées, ils commencèrent à perdre tout espoir; et Belzoni allait devenir un objet ridicule, en cherchant

à pénétrer dans un édifice qui leur paraissait, ainsi qu'à des personnes beaucoup plus civilisées qu'eux, une masse de pierre solide !

BERNARD : Qu'est-ce qui le faisait paraître ainsi, et pourquoi se servaient-ils de haches ? Il me semble que les bêches eussent valu beaucoup mieux.

Mme JULIEN : C'étaient les seuls instrumens qu'ils avaient pu se procurer. Si la Pyramide paraissait comme une masse solide, c'est que le mortier qui tombait de la partie supérieure avait reçu la rosée (car en Egypte, de très-fortes rosées tombent pendant les nuits du printemps et de l'été), et s'était graduellement formée en une seule masse avec les pierres. Malgré toutes ces difficultés, Belzoni ne désespéra pas du succès ; et les Arabes, recevant régulièrement leur piastre chaque jour, ne cessèrent pas de travailler, quoique leur zèle fut un peu diminué. Enfin, après seize jours d'un travail ingrat, un des ouvriers arabes aperçut une petite crevasse entre deux pierres de la pyramide.

BERNARD : Quelle joie pour Belzoni ! Cette crevasse était-elle grande, maman ?

Mme JULIEN : Belzoni put avec peine y introduire un long bâton de palmier, jusqu'à la longueur de six pieds, et l'arabe fut lui-même également content, en pensant que c'était lui qui avait découvert l'entrée que l'on cherchait avec tant d'ardeur.

Encouragés par cette espérance, les ouvriers redoublèrent d'efforts, et le travail avançait rapidement : après avoir enlevé une de ces pierres, et une grande quantité de sable et de décombres, ils parvinrent à faire une ouverture jusque dans l'intérieur. Lorsqu'elle fut assez large pour pouvoir y entrer, Belzoni prit une chandelle dans sa main, et, regardant en dedans, il aperçut une cavité immense sur laquelle il ne pouvait former aucune conjecture. Il fit élargir encore l'entrée, et il trouva que ce n'était qu'un passage forcé, et qui avait été probablement fait pour arriver au centre de la Pyramide. Mais il fut trompé dans l'espérance qu'il avait eue de découvrir par là l'entrée véritable ; il ne put la trouver nulle part, et, après s'être donné beaucoup de peine à faire élargir l'ouverture que les ouvriers avaient faite, il resta aussi peu éclairé qu'avant de commencer.

BERNARD : Je serais bien fâché s'il désespérait pour cela d'entrer dans la pyramide.

Mme JULIEN : Après ce contre-temps, il donna un jour de repos aux Arabes, et consacra ce temps à examiner avec plus de soin cet immense édifice; car il était déterminé à exécuter jusqu'au bout son projet.

ALPHONSE : Je suis sûr que la découverte du passage forcé, fut considérée par les ouvriers comme un projet manqué. Cependant j'espère que Belzoni ne l'abandonnera pas : le souvenir du jeune Memnon et du temple d'Ybsambul devait lui donner du courage.

Mme JULIEN : Le résultat de ce jour de recherche fut, qu'il valait mieux commencer d'un autre côté, et les Arabes se remirent à l'ouvrage. Ils aimaient à recevoir l'argent, mais ils n'espéraient plus de trouver une entrée; et Belzoni les entendit souvent se dire tout bas : *magnoon!* ce qui veut dire en anglais, *fou!* Cependant ils continuèrent à creuser, et au bout de quelques jours Belzoni découvrit un gros bloc de granit : cette vue lui fit beaucoup de plaisir. Le lendemain, trois autres blocs de granit furent encore découverts. Son espérance croissait à chaque moment; car, selon toute apparence, il devait être près d'atteindre l'objet de ses recherches. Heureusement il ne s'était pas trompé; car le jour suivant, le 2 mars 1818, à midi, ils arrivèrent à la véritable entrée de la Pyramide. C'était un passage de quatre pieds de haut et presqu'entièrement bouché par de grosses pierres qui étaient tombées de la partie supérieure. Ils eurent beaucoup de difficultés à retirer les pierres de ce passage; et ce ne fut que le soir du jour suivant, qu'ils arrivèrent à une espèce de pont-levis qui arrêta leur travail.

BERNARD : Un pont-levis, maman, qu'est-ce que cela?

ALPHONSE : Je vais te le dire, Bernard. C'est une espèce de machine comme une herse, suspendue au dessus des portes d'une ville ou de tout autre lieu, et que l'on descend pour arrêter un ennemi.

Mme JULIEN : Au premier coup d'œil, tout le monde crut que ce n'était qu'une masse de pierre immobile, et que tous les projets de Belzoni seraient arrêtés par cet obstacle insurmontable. Cependant, après quelque temps, on parvint à lever le pont-levis assez haut pour laisser passer un homme. Un Arabe entra dans cet endroit avec une torche, et revint dire que cet endroit était très-beau.

BERNARD : J'aurais bien voulu avoir aussi une torche, pour aller regarder un peu moi-même les beautés de l'intérieur de l'édifice ! Et toi, Alphonse?

ALPHONSE : Tu oublies que cet homme était Arabe. Tu sais que tu ne les aimes pas du tout. Hé bien, maman?

Mme JULIEN : Ils continuèrent avec une ardeur infatigable à lever le pont-levis, et ils parvinrent enfin à rendre l'ouverture assez large, pour permettre à Belzoni d'entrer; et après trente jours de travail, il eut le plaisir de se trouver auprès de la chambre centrale de l'une des plus grandes Pyramides de l'Egypte. Après avoir traversé plusieurs longs passages taillés dans le roc, il parvint à une porte au milieu d'une grande chambre, et avançant deux ou trois pas, il s'arrêta tout-à-coup pour contempler l'endroit où il était. C'était une scène imposante : il se trouvait au milieu de cette Pyramide, qui de temps immémorial, avait été le sujet des conjectures incertaines de milliers de voyageurs anciens et modernes, et dans l'intérieur de laquelle le son d'une voix humaine ne s'était pas fait entendre depuis plus de mille ans !

EMILIE : Quel spectacle imposant ce devait faire ! Celui-ci valait plus que tous les autres, même plus que le temple d'Ybsambul et que le tombeau de Psalmuthis !

Mme JULIEN : La torche de Belzoni, composée de plusieurs bougies, ne jetait qu'une faible lueur ; il regardait avec étonnement ces lieux où depuis plus de onze siècles un rayon de lumière n'avait pas pénétré ! Il se voyait transporté au milieu d'une de ces immenses Pyramides, qui, en dépit des ravages du temps, reste encore comme monument de la grandeur ancienne et de la gloire passagère de ceux qui les ont élevées.

Quand Belzoni eut visité avec la plus scrupuleuse attention toutes les chambres et les nombreux passages de l'intérieur de cette Pyramide, il en sortit pour revoir le jour, transporté de joie du résultat de ses recherches. Et je suis sûr, Alphonse, que c'était pour lui une bien grande satisfaction de pouvoir s'appliquer notre maxime favorite....

ALPHONSE : *Labor omnia vincit,* n'est-ce pas cela, maman ! et ce sera ma maxime aussi quand j'aurai quelque chose de difficile à faire.

Mme JULIEN : Quelques jours après, Belzoni ayant terminé toutes ses affaires, désira retourner à la vallée de Beban el Malook; et prenant avec lui tout ce qui était nécessaire pour tirer des dessins et prendre des modèles de figures, des emblêmes et des hiéroglyphes qu'il avait vus dans le tombeau de Psalmuthis, il revint à sa vieille habitation parmi les tombeaux de Thèbes.

BERNARD : Ah ! suivons-le, suivons-le, maman : je suis bien content qu'il ait eu tant de succès dans la Pyramide, et j'espère qu'il n'en aura pas moins dans tout ce qu'il entreprendra. Je vois que la patience est une très-bonne qualité.

Mme JULIEN : Oui, sans doute, mon cher enfant; si tu veux exercer la tienne jusqu'à demain soir, je pourrai te raconter encore quelque chose des voyages de Belzoni.

CHAPITRE IV.

Belzoni se dirige vers la mer Rouge. — Ses intentions dans ce voyage. — Inondation du Nil. — La caravane traverse le Désert. — Histoire des Abaddes, tribu indépendante qui habite au milieu des rochers sur la côte de la mer Rouge. — Belzoni cherche à découvrir l'ancienne ville de Bérénice. — Il aperçoit les bateaux des pêcheurs Abaddes. — Il découvre les restes de Bérénice, dont un ancien voyageur fait mention. — Il retourne vers Esnè. — Il rencontre deux bergères conduisant leurs troupeaux sur les montagnes. — Description des souffrances que les voyageurs éprouvent en traversant les déserts. — La caravane arrive sur les bords du Nil. — Belzoni revient à Gournou.

Le soir vint. Les rideaux étaient tirés, les chandelles allumées, la petite société assise autour de Mme Julien. Maman remplit toujours bien sa promesse, dit tout bas Bernard à Emilie ; nous n'avons pas besoin de lui rappeler Belzoni.

Mme Julien avait entendu la réflexion du petit Bernard, elle sourit et reprit son récit en ces mots : Notre ami se disposait à retourner au tombeau des rois, quand nous l'avons quitté hier soir. Après un voyage rapide et agréable sur le Nil, il y arriva, et se mit aussitôt à prendre les dessins et les modèles des objets les plus curieux, et ce travail l'occupa plusieurs mois. Nous allons maintenant l'accompagner sur la mer Rouge.

P. 143.

Il arriva vers la nuit sur les bords du nil.

P. 101

Il avait envoyé une escorte de soldats et soixante chameaux pour les charger de soufre.

Emilie : La mer Rouge, maman, c'est entre l'Egypte et l'Arabie. Que veut-il donc y aller faire? Veux-tu me dire, maman, ce qui engagea Belzoni à aller à la mer Rouge?

Mme Julien : Oui, tu vas l'apprendre. Notre vieil ami Méhémed-Ali, pacha, avait été informé qu'il y avait des mines de soufre près des côtes de la mer, et avait envoyé une escorte de soldats et soixante chameaux pour les charger de soufre; mais ils n'avaient pu réussir dans leur projet. Cependant ce mauvais succès ne découragea pas Ali, il persévérait toujours dans toutes ses entreprises. Vous devez vous rappeler qu'il était d'un caractère actif et entreprenant, toujours passionné pour les nouveaux projets, comme une certaine personne de ma connaissance.

Alphonse s'écria : Oh oui, maman! il fut charmé de la machine électrique, parce qu'il n'en avait jamais vu les effets auparavant; il avait une raffinerie de sucre, une fabrique de soie et un magasin de poudre, et maintenant il voulait avoir du soufre. Le soufre s'emploie dans la composition de la poudre, c'est pour cela peut-être qu'il en voulait avoir.

Mme Julien : On lui conseilla d'envoyer des Européens sur les bords de la mer Rouge, pour lui dire si cette entreprise valait la peine d'être continuée. Un monsieur Caliud se chargea de cette affaire, et partit accompagné d'une escorte de soldats et de mineurs de la Syrie. Mais il trouva les mines aussi stériles qu'on le lui avait dit, et il revint sur ses pas, sans négliger cependant de visiter sur sa route des montagnes d'émeraudes qui s'y trouvaient, suivant les ordres qu'il avait reçus de son ancien maître, M. Drovetti.

Bernard : Je n'aime pas beaucoup ce M. Caliud, d'après ce que tu viens de me dire, qu'il avait été employé par M. Drovetti.

Mme Julien : Il trouva plusieurs cavernes ou mines dans ces montagnes, qui n'avaient sans doute pas été remarquées des anciens.

Emilie : Belzoni vit-il ce M. Caliud?

Mme Julien : Oui; et d'après les détails qu'il reçut de lui, il fut tenté de commencer une nouvelle expédition. M. Caliud lui dit qu'il y avait des mines dans le pays, et qu'il avait également visité un lieu nommé Sakiet-Minor, situé dans une vallée auprès de la mer, et entouré par de hauts rochers. D'après le récit qu'il en fit à Belzoni, beaucoup d'antiquaires en Egypte pensaient que ce ne pouvait être que l'ancienne cité de Bérénice ; et dès le moment que notre ami reçut cette information, il forma le dessin de faire une excursion dans ces déserts pour visiter Bérénice, et n'attendait qu'une occasion favorable pour commencer son voyage.

Emilie : Quand est-il parti, maman, et comment voyagea-t-il? Sur quoi M. Caliud se fondait-il, pour croire que la ville de Bérénice était dans cette vallée?

Mme Julien : Le temps l'avait presque détruite entièrement ; mais Caliud lui apprit qu'il avait découvert les ruines de huit cents maisons, plusieurs temples, et une petite chapelle taillée dans le roc, et que ces ruines ressemblaient à celles de Pompéï. Notre infatigable Belzoni devait naturellement désirer de voir les ruines d'une ville autrefois si célèbre ; et ayant loué un bateau pour les conduire à Edfu, ils s'embarquèrent auprès de Gournou. La société se composait de lui-même, de M. Beechey, d'un médecin qui allait traverser le désert, de deux esclaves grecs, d'un mineur, et de deux domestiques pour prendre soin du bagage.

Emilie : Comment, est-ce qu'ils allaient traverser un de ces grands déserts couverts de sable! oh! ce sera charmant! veux-tu avoir la bonté d'attendre que j'aie ouvert l'atlas? là, j'y suis. J'ai mon petit doigt sur Gournou, tout auprès de Thèbes, et je vais avec eux, ou aux mines de souffre, ou aux montagnes d'émeraudes, ou à Sakiet-Minor, comme tu voudras.

Mme Julien : Ils devaient être témoins, dans ce voyage, d'une des plus grandes calamités qui soit jamais arrivée en Egypte, de mémoire d'homme. Le Nil s'éleva, cette année, de la hauteur ordinaire, avec une incompréhensible rapidité, et enleva plusieurs villages et plusieurs centaines d'habitans.

Emilie : Comment! Belzoni fut témoin de cette scène affreuse?

Mme Julien : Oui, il nous assure qu'il ne vit jamais un tableau qui lui donnât une plus juste idée du déluge, que la vallée du Nil à cette époque. Les Arabes s'étaient bien attendus à une inondation extraordinaire cette année, à cause de la rareté de l'eau de l'année précédente; mais ils ne croyaient pas qu'elle pût jamais s'élever à une telle hauteur.

BERNARD : Je croyais que tu nous avais dit qu'ils construisent ordinairement des retranchemens de terre et de joncs autour de leurs villages pour empêcher l'eau d'entrer dans leurs maisons.

Mme JULIEN : Oui, sans doute, c'est ce qu'ils font ordinairement, mais tous leurs efforts furent impuissans pour arrêter la violence de cette inondation. Leurs chaumières, bâties de terre, ne purent résister un seul instant au torrent, et l'eau ne les eut pas plutôt atteintes, qu'elle les renversa sans ressource. Le courant rapide emportait tout ce qui se trouvait sur son passage; hommes, femmes, enfans, troupeaux, moisson, tout fut enlevé en un moment et disparut de l'endroit où était le village d'Agalta, sans qu'il restât un seul objet pour indiquer qu'il y avait eu une maison dans cet endroit. Belzoni nous dit qu'ils paraissaient être au milieu d'un vaste lac, contenant plusieurs îles et de magnifiques édifices. D'un côté ils voyaient les rochers élevés et les temples de Gournou, et de l'autre, les ruines majestueuses de Carnac et de Luxor. Ils voyaient plusieurs villages en danger d'être détruits comme celui d'Agalta. La violence du courant avait déjà enlevé leurs barrières, et les malheureux habitans s'efforçaient de monter sur les points les plus élevés avec tout ce qu'ils avaient pu sauver de l'inondation. Leur position était affreuse. Il ne restait plus, à quelques-uns d'entre eux, que quelques pieds de terre, et l'on croyait, partout, que l'eau s'éleverait encore pendant douze jours, et qu'elle se tiendrait, alors, pendant douze autres jours, à la hauteur où elle serait parvenue, suivant la marche ordinaire de l'inondation.

ALPHONSE : Combien j'aurais été rempli de douleur en voyant leur désespoir! Maman, n'auraient-ils pas pu jeter de petits ponts d'une île à l'autre, de petits ponts de poutres, comme celui sur lequel Belzoni traversa le précipice dans le tombeau des rois d'Egypte?

Mme JULIEN : C'était un spectacle terrible. Des malheureux traversaient l'eau sur des morceaux de bois (car des ponts n'auraient pu les garantir), d'autres sur des buffles ou des vaches, d'autres enfin sur des tas de joncs attachés ensemble. Le petit nombre d'endroits où la terre était plus élevée et paraissait encore au-dessus de l'eau, étaient couverts d'hommes qui tendaient leurs mains en suppliant et en implorant le Ciel.

Bernard : Pauvres habitans ! se voir ainsi obligés de rester en ces endroits presqu'aussi dangereux que les autres, et ayant à craindre, à chaque moment, d'être atteints par l'inondation, ou du moins sans espoir d'être délivrés avant vingt-quatre jours !

Emilie : N'avaient-ils point de provisions, maman, et ne pouvait-on pas trouver des bestiaux dans les environs ?

Mme Julien : La petite quantité de provisions qu'ils avaient sauvées, étaient le seul moyen de subsistance qu'ils pouvaient espérer. Les cacheffs et les caïmakans de la contrée, firent tout ce qu'ils purent pour secourir ces malheureux avec leurs bateaux ; mais ils étaient en si petit nombre, en comparaison de ce qu'il aurait fallu, qu'ils ne pouvaient en secourir qu'une bien faible partie.

Alphonse : Belzoni n'en aurait-il pas pu prendre avec lui dans son petit bateau ?

Mme Julien : Il l'aurait fait avec beaucoup de plaisir ; mais il savait qu'il eût été trop dangereux de l'essayer ; car un si grand nombre aurait voulu y entrer à la fois, que le bateau eût été probablement submergé.

Arrivés à Erments, où, heureusement le terrein était très-élevé, ils trouvèrent un grand nombre de ces malheureux rassemblés.

Bernard : Je suis bien sur que Belzoni s'arrêta dans ces lieux, et employa son bateau à aller chercher quelques-uns de ces infortunés. Il était courageux, maman, et papa m'a toujours dit que le véritable courage est ordinairement joint à l'humanité et à la bonté.

Mme Julien : Tu as raison ; Belzoni fut enchanté de pouvoir leur être utile, et son bateau fut envoyé plusieurs fois, avec d'autres, pour transporter des habitans du village opposé. On ramena, d'abord, des hommes et des enfans, ensuite d'autres hommes, du blé et des troupeaux, après cela, des buffles, des moutons, des chèvres, des ânes et des chiens; et enfin les femmes, qui, je suis fâchée de le dire, sont regardées, dans ce pays, comme la partie la moins importante de la propriété. Satisfait d'avoir rendu quelques services à ces malheureux habitans, il arriva en sûreté à Esnè.

ALPHONSE : Allèrent-ils voir leur vieil ami Khalil Bey?

Mme JULIEN : Il n'était pas chez lui; ils allèrent donc à l'île d'Howasée, sur le rivage opposé du Nil, vis-à-vis Edfu.

EMILIE : Il y a un petit point sur la carte pour marquer la situation de cette île. Combien de temps s'arrêta-t-il en cet endroit?

Mme JULIEN : Ils ne s'arrêtèrent que le temps nécessaire pour se procurer des chameaux et des hommes pour les accompagner dans ces déserts, et ils allèrent ensuite sur le rivage, du côté de l'Est, et partirent le jour suivant.

BERNARD : Dis-moi seulement combien ils avaient de chameaux.

Mme JULIEN : Ils en avaient seize, dont six étaient chargés de provisions, d'eau et d'instrumens de cuisine. Les chameaux sont de beaucoup préférables aux chevaux, parce qu'ils sont accoutumés à transporter des marchandises à travers ces immenses plaines de sables, qu'il serait impossible de passer, si la providence n'avait créé cet utile animal, capable d'endurer la fatigue et la faim, et merveilleusement pourvu d'une ressource contre la soif, en ce qu'il peut boire, à la fois, assez d'eau pour lui servir pendant plusieurs jours.

La société de Belzoni s'accrut d'un soldat d'Esnè, de quatre conducteurs de chameaux, et d'un scheyk pour leur servir de guide.

BERNARD : Alors ils étaient quatorze en tout. Mais qui était ce scheyk?

Mme JULIEN : C'était un Arabe qui s'appelait le scheyk Ibrahim; il s'était offert de conduire la caravane, promettant d'amener Belzoni et ses amis à l'ancienne ville de Bérénice.

Bernard : Je pense que le scheyk était un brave homme ; j'espère qu'il les conduira bien.

Mme Julien : Ils partirent de très-bonne heure, le matin, et arrivèrent en trois heures, au premier puits; ils s'y arrêtèrent pendant un jour entier pour attendre Ibrahim, qui ne les avait pas encore rejoints ; cependant, le lendemain matin, il parut, et ils commencèrent ensemble leur voyage à travers une vallée sur un terrain uni. Un grand nombre de sycomores était dispersé autour de cette vallée, ainsi que la plante épineuse, appelée basinlah.

Alphonse : N'est-ce pas là, maman, la plante dont se nourrissent les chameaux ?

Mme Julien : Oui, mon ami ; elle est verte, je crois, dans le printemps, mais elle se sèche bientôt, et prend une couleur jaunâtre, et semblable à la paille ; elle porte un fruit de la grosseur d'un pois. La tige ressemble à celle d'un jonc et ne monte jamais à plus de trois pieds de haut. A mesure que la société avançait, la vallée devenait plus étroite, et les arbres, en quelques endroits, plus pressés et plus nombreux; mais ils s'éclaircirent, par degrés, jusqu'à ce que Belzoni et ses compagnons se trouvèrent dans une plaine immense, ouverte de tous les côtés. Ils se logèrent, pendant un jour, dans une espèce de temple ou d'habitation, construite selon toutes les probabilités pour la commodité des voyageurs. Le lendemain matin ils reprirent leur voyage. On ne voyait, nulle part, aucun signe de végétation ; tantôt ils passaient à travers des plaines immenses, et tantôt traversaient des montages d'un sable mouvant, jusqu'à ce qu'il arrivèrent, deux heures avant le coucher du soleil, dans une vallée appelée Beezak, par les Arabes.

Bernard : Je suis bien content de les voir arriver à une vallée; parce que les vallées me paraissent plus fertiles que les montagnes.

Mme Julien : Plusieurs arbres étaient répandus dans les environs, ainsi que la plante épineuse dont je vous ai parlé.

Emilie : Les chameaux eurent alors un bon repas ! S'arrêtèrent-ils là, maman ?

Mme Julien : Oui, et Belzoni remarqua, avec beaucoup de satisfaction, des pieds de chameaux marqués sur le sable, d'où il conclut qu'il était sur la grande route de Bérénice. Le lendemain matin la caravane se sépara en trois différens détachemens.

BERNARD : Attends un peu maman; que veulent dire ces mots : La caravane se sépara? Je me rappelle qu'un jour nous traversions, Alphonse et moi, la petite grille qui se trouve au bout de la plantation, nous vîmes une espèce de charrette descendant la rue, et conduite par quelques bohémiennes; Alphonse me dit que c'était une caravane. Une autre fois, l'été dernier, nous allâmes voir le gros éléphant de Londres, il était dans une grande voiture verte, et son maître traversait le pays pour le faire voir; papa me dit que c'était une caravane, de sorte que je ne sais que penser.

Mme JULIEN : Je vais te l'expliquer : Nous appelons caravanes, en Angleterre, les voitures dont tu parles, accompagnées d'un grand nombre de personnes; mais chez les nations orientales, une caravane signifie une société de voyageurs, qui, pour leur protection et leur sûreté mutuelle, conviennent de traverser ensemble ces régions désertes. Le bagage et les provisions furent envoyées en avant. Le médecin était malade; il eut été dangereux pour lui d'aller plus loin, et il retourna vers le Nil, tandis que M. Belzoni et son ami M. Beechey sortirent un peu de la route pour voir quelque chose dont les Ababdés lui avaient parlé.

EMILIE : Qu'est-ce que les Ababdés, maman?

Mme JULIEN : C'est une tribu indépendante, qui, préférant la liberté à toutes les richesses, habite parmi les rochers et les déserts qui s'étendent depuis les contrées de Suez jusqu'en Nubie, sur les bords de la Mer-Rouge, où ils vivent de dhoura et d'eau; mais tel est leur amour de la liberté, qu'ils préfèrent se soumettre à ce genre de vie, que de commander à la nation la plus puissante de la terre.

ALPHONSE : Et moi aussi, j'aimerais mieux vivre ainsi que d'être soumis aux caprices d'un pouvoir despotique; je chéris la liberté et l'indépendance au-dessus de tout. Mais veux-tu nous dire, maman, quelque chose encore sur les Ababdés? je les admire beaucoup.

Mme JULIEN : Peut-être ton admiration diminuerait-elle si tu les voyais. Ils sont petits, mal faits, et ont ordinairement une pipe à la bouche. Quelquefois, mais rarement, ils tuent une chèvre maigre, et c'est pour eux un grand jour de fête. Ils s'occupent principalement de leurs chameaux qui sont leur plus grande ressource.

Emilie : Comment cela, maman; je croyais qu'ils n'avaient jamais besoin de voyager à travers ces grands déserts.

Mme Julien : Lorsque leurs chameaux sont assez grands, ils les envoyent, pour les échanger, contre du dhoura qui est leur principale nourriture, comme je vous l'ai déjà dit.

Alphonse : A quoi les Ababdés passent-ils leur temps?

Mme Julien : Quelques-uns, les plus industrieux, coupent du bois et en font du charbon qu'ils envoyent au bord du Nil sur leurs chameaux, et le vendent pour du dhoura et de la toile pour les tentes. Il y en a peu, cependant, qui veuillent se donner cette peine, car ils aiment à vivre à leur aise.

Bernard : Hé bien! maman, j'aimerais encore mieux être un de ces bons Ababdés, couper les arbres au milieu des rochers et des déserts, en charger mes chameaux et gagner honnêtement le prix de mon travail, que l'un de ces perfides Arabes de Gournou.

Mme Julien : Il paraît que les Arabes de Gournou ont fait une profonde impression sur ton esprit; cependant, je pense comme toi, qu'une vie pauvre, mais honnête, est préférable à celle d'un homme qui ne se soutient que par de viles ressources.

Emilie : Qu'est-ce que Belzoni allait voir quand nous l'avons quitté?

Mme Julien : Il entra avec ses amis dans une plaine sablonneuse, où des rochers blanchâtres s'élevaient presque perpendiculairement de chaque côté, et il passa au milieu de plusieurs vallées remarquables par leurs beautés pittoresques. Le terrain était partout couvert de sable et de pierre; mais les arbres épineux et les sycomores formaient en plusieurs endroits une épaisse forêt. Quelqu'un qui voudrait se retirer du monde, pourrait trouver une charmante retraite dans ces déserts, si le besoin d'eau ne se faisait sentir comme partout ailleurs; en général, ce pays est dépourvu de tout ce qui est nécessaire à la vie humaine, et la chaleur est si forte, que dans les jours les plus frais, elle est déjà presque insupportable.

Au bout de trois heures de marche, nos voyageurs parvinrent au sommet d'une montagne, d'où ils aperçurent, de loin, quelque chose qui paraissait être les murailles d'une grande ville, entourée de hauts rochers, comme pour servir de fortifications. A leur approche ils trouvèrent que ce n'était qu'une plaine sablonneuse, et plusieurs montagnes de granit; là, ils se dirigèrent sur la gauche, vers la vallée dans laquelle on était convenu de s'arrêter. La caravane était arrivée avant eux. Ils continuèrent leur marche jusqu'à ce qu'il l'atteignirent auprès d'un puits situé au milieu des rochers, qui formaient avec les arbres dont ils étaient entourés, une espèce d'amphithéâtre. Ils restèrent un jour ou deux dans cet endroit.

Bernard : Quelques Ababdés vinrent ils les visiter dans cet endroit?

Mme Julien : Oui; c'était un spectacle tout nouveau pour eux, de voir des étrangers si près de leur ville. Le plus grand nombre d'entre eux n'avait jamais quitté leurs montagnes, et ceux qui avaient été jusqu'au Nil pour acheter du dhoura, étaient regardés comme des hommes très-savans. Ils disaient qu'ils étaient contens de pouvoir vivre dans cet état sauvage, comme leurs pères y avaient vécu, pour échapper à la tyrannie et au despotisme; qu'ils seraient toujours tranquilles, tant qu'on les laisserait dans cet état; mais qu'ils aimeraient mieux périr que de perdre leur liberté.

Alphonse : Oh! les braves gens que ces Ababdés! mais je les aurais encore mieux aimés s'ils n'avaient pas été si indolens.

Mme Julien : Tu aurais été bien amusé de voir la curiosité avec laquelle ils regardaient les étrangers et leur ignorance des choses qui nous sont les plus familières. Un d'eux aperçut par terre une écorce de citron, et s'étonna de ce que ce pouvait être, tandis qu'un autre la ramassa et la mangea d'un air plus content de lui-même.

Alphonse : Ah ! ah ! je parie que cet homme aura été au Nil, et qu'il mangea l'écorce pour montrer la grande sience qu'il avait acquise. C'est vraiment bien habile !

Mme Julien : Belzoni leur donna un morceau de pain de sucre, et quand ils l'eurent mangé, ils lui dirent que la vallée d'où il venait, devait être bien meilleure que la leur, puisqu'elle produisait un pain aussi délicieux.

Alphonse : Avaient-ils des armes, maman? Mais non, je ne le pense pas; comme leurs voisins ne les attaquaient pas, certainement, ils étaient eux-mêmes trop sages pour vouloir commencer une guerre.

Mme Julien : Malheureusement cependant ils avaient déjà eu besoin, plus d'une fois, de se servir de leurs armes; car les soldats et les mineurs qui avaient accompagné M. Caliud aux mines d'émeraudes, qui se trouvent dans leurs montagnes, s'étaient conduits très-mal avec eux. Ils avaient renversé leurs cabanes, et avaient commis beaucoup de pillages, dont les Ababdés s'étaient plaint inutilement. Leurs armes consistaient principalement en frondes, en javelots et en épées.

Le 28, de bonne heure, Belzoni et la petite société se remirent en route, et après avoir voyagé pendant deux jours, ils aperçurent, de loin, la mer-rouge, et se dirigèrent, à travers plusieurs vallées, vers une haute montagne, appelée Zubara.

Emilie : Zubara ! quel drôle de nom, pour une montagne, maman !

Mme Julien : Ce nom lui est venu de la grande quantité d'émeraudes qu'on y a trouvée. Au pied de cette montagne, Belzoni trouva environ cinquante hommes occupés à travailler à ces vieilles mines, dans l'espérance de découvrir quelques pierres précieuses. Ils avaient commencé leurs travaux depuis six mois ! mais n'avaient pu réussir encore, parce que les mines étaient toutes cachées et enterrées sous les décombres. Belzoni ne manqua pas de prendre tous les renseignemens qu'il pût, sur l'objet de leur expédition ; il reçût des réponses très-satisfaisantes, et apprit, en même temps, que la ville de Bérénice qu'il cherchait, n'était pas à plus de six heures de chemin ; il espérait alors pouvoir y arriver avant la nuit. Pendant qu'on avait fait arrêter les chameaux pour les reposer un peu, il alla voir les entrées des mines; elles ressemblaient assez aux tombeaux et aux caveaux des momies de Gournou, et s'étendaient extrêmement loin avant d'arriver aux émeraudes. Belzoni prit avec lui un vieillard de ce peuple pour les guider aux ruines de Bérénice, qu'il croyait déjà voir, et reçût toutes les informations nécessaires de quelques-uns des mineurs qui y avaient été avec M. Caliud. La description qu'ils en faisaient ne répondait pas du tout, cependant, aux grandes espérances que la description de M. Caliud avait inspirée à Belzoni.

Emilie : Mais il faut bien qu'il y ait eu une belle ville, car M. Caliud dit à Belzoni qu'il avait lui-même découvert les ruines de huit cents maisons, de plusieurs temples, ainsi qu'une petite chapelle taillée dans le roc, et pour l'engager davantage, il lui assura encore que ces ruines ressemblaient beaucoup à celles de Pompéï. Probablement ces ouvriers n'y étaient allés que pour travailler aux mines, et n'avaient pas fait attention aux beautés de l'architecture, ou à la majesté des ruines antiques.

Mme Julien : Belzoni le pensa aussi, et soutenu par cette espérance, il se disposa à repartir le lendemain matin. Quand ils eurent fait environ un mille, ils s'aperçurent qu'ils n'avaient plus de guides. Le scheyk Ibrahim et le vieillard qui devaient les conduire dans le pays pour voir la ville et les autres endroits, avaient disparu tous deux; ils furent obligés de retourner les chercher, et les trouvèrent cachés derrière un rocher, et causant secrètement ensemble.

Alphonse : Ceci m'a l'air très-suspect. Mais comment expliquèrent-ils leur disparition?

Mme Julien : Ils assurèrent l'un et l'autre qu'ils étaient à la recherche d'un mouton qui leur avait été volé pendant la nuit, et qu'ils n'avaient que cela pour vivre; mais comme il leur avait été impossible de le trouver, ils repartirent tous ensemble pour trouver l'ancienne ville de Bérénice, que toute la troupe désirait voir.

Bernard : Je n'aime pas beaucoup ce vieillard; je ne serais pas du tout étonné qu'il leur fît rencontrer quelqu'aventure désagréable. Pourquoi allait-il se cacher derrière un rocher, s'il voulait trouver un mouton? Je voudrais bien savoir ce qu'il avait de si important à dire au scheyk Ibrahim!

Mme Julien : Quoiqu'il en soit, Belzoni crut devoir se confier encore à eux. Ils conduisirent la caravane à travers de hauts rochers et d'étroites vallées entourées d'arbres, jusqu'à ce qu'ils arrivèrent auprès de la montagne de Zubara, la plus haute de toutes les montagnes d'émeraudes. Le vieillard les fit marcher ensuite pendant sept heures, par différentes routes, au milieu de déserts et de rochers. Il leur dit que l'endroit qu'ils voulaient voir n'était plus éloigné, mais qu'ils auraient à passer sur une haute montagne nommée Arraie.

Bernard : Avant de continuer, maman, veux-tu me dire où est situé Pompéï? Emilie vient de dire que M. Caliud avait assuré à Belzoni que les ruines de Bérénice ressemblaient beaucoup à celles de Pompéï.

Mme Julien : Pompéï était autrefois une grande ville d'Italie, mais elle a été renversée, détruite par une éruption du Mont-Vésuve. Il y a environ cinquante ans, un fermier creusait la terre pour trouver une source d'eau, lorsqu'il aperçut le sommet de superbes et magnifiques édifices. Ce fut la première découverte qu'on eût faite depuis plusieurs siècles; mais maintenant on a découvert plusieurs rues, et les ruines de plusieurs bâtimens magnifiques.

Nos voyageurs continuèrent leur route, soutenus par l'espérance et arrivèrent à une espèce de route ancienne, ou plutôt de sentier. Sur le sommet de la montagne, ils aperçurent un grand mur, construit de manière qu'il paraissait dominer sur le sentier et les deux côtés de la montagne.

Bernard : Ah! voilà du moins un motif d'encouragement! je parierais que c'est la ville de Bérénice elle-même.

Mme Julien : Quant ils furent parvenus au haut du sentier, leurs chameaux se trouvèrent épuisés de fatigue; quelques-uns mêmes étaient tombés en chemin; on fut obligé de les décharger pour les faire monter, et les plus forts chameaux eurent à revenir sur leurs pas pour chercher la charge des autres.

Bernard : Ah! maman, une route escarpée et garnie de rochers, est aussi difficile pour un chameau, qu'un désert sablonneux pour un cheval! je suis sur que mon petit bidet n'aurait pas été si fatigué ; il est accoutumé à gravir toutes les montagnes de nos environs.

Alphonse : Oui, mais aucune des montagnes de nos environs n'est comparable à celle d'Arraie.

Mme Julien : Lorsqu'ils furent arrivés au sommet, ils cherchèrent partout des yeux, la ville de Bérénice si long-temps désirée; mais hélas! ce fut en vain. M. Caliud avait tellement excité la curiosité, que l'imagination toujours active de Belzoni, s'était déjà représenté quelque dôme majestueux, les ruines de colonnes antiques ou de quelque superbe édifice. Déjà il espérait, à l'aide de ces ruines, distinguer la ville elle-même, vers laquelle il se proposait bien de se diriger aussitôt qu'il la verrait. Son compagnon n'était pas moins empressé que lui d'arriver, et ses espérances étaient également grandes. Ils avaient déjà pris tous leurs arrangemens. Comme ils n'avaient que très-peu de provisions, ils ne pouvaient s'arrêter que quelques jours, et avaient distribué tout leur temps en conséquence. M. Beechey devait prendre des dessins de tous les plus beaux bâtimens, les monumens, les figures, les tableaux, les sculptures, les statues et les colonnes. Belzoni, de son côté, devait visiter toutes les vastes ruines aussi rapidement qu'il pourrait; il devait observer tout ce qu'il pourrait voir ou découvrir, et prendre, en même temps, la mesure et le plan de tous les monumens de cette grande ville.

Telles étaient les agréables idées dont la fertile imagination de nos antiquaires s'était entretenue. Venons maintenant au fait :

Du sommet de la montagne où ils étaient maintenant parvenus, ils espéraient voir, non-seulement la mer, mais une grande plaine aussi; car il était naturel de penser qu'une ville ressemblant à celle de Pompéï ne pouvait avoir été bâtie au milieu de ces montagnes sauvages. N'en appercevant pas d'abord, ils espéraient être agréablement surpris en détournant quelques-uns de ces rochers. Le vieillard leur dit, qu'avant d'arriver à la ville, ils verraient des grottes dans les montagnes; et nos voyageurs se persuadèrent aussitôt que ce ne pouvait être que les tombeaux des habitans de Bérénice. Ils avancèrent insensiblement, les yeux toujours fixés sur les pointes des rochers qui étaient devant eux, toujours espérant qu'au premier détour, ils découvriraient enfin l'objet de toutes leurs recherches; et, à dire vrai, les murailles éparses et ruinées de quelques anciens enclos, leur annonçaient qu'ils verraient bientôt quelqu'habitation. Ils aperçurent, tout-à-coup, une espèce d'ouverture dans le rocher, qui, selon toutes les apparences, devait avoir été taillée par les ouvriers qui travaillent aux mines. Belzoni commença alors à s'applaudir et à se féliciter d'être si près d'arriver, et tandis qu'il était tout occupé de ces pensées, le vieillard qui était à la tête, et qui servait de guide, fit signe à la caravane d'arrêter. Les conducteurs firent un signe aux chameaux, et les chameaux, qui étaient épuisés de fatigue après avoir traversé toutes ces montagnes, ne se le firent pas répéter une seconde fois; et tout chargés du bagage, ils furent en un moment couchés par terre, avant que Belzoni put en savoir la raison. Il dit au conducteur qu'il n'avait pas du tout l'intention de s'arrêter en cet endroit, et qu'il voulait s'avancer jusque dans la ville, où il pourrait voir les maisons. Mais quel fut sont étonnement quand le vieillard lui dit qu'il était maintenant dans l'endroit où le chrétien avait été avant lui!

EMILIE : Quel homme étrange et mystérieux que ce vieillard, maman! Je ne l'aime pas du tout. Par l'autre chrétien, il voulait dire M. Caliud, je pense. Mais il est tout-à-fait impossible que M. Caliud ait appelé cet endroit Bérénice. Où se trouvaient donc les huit cents maisons?

Mme JULIEN : Belzoni lui même ne pouvait penser qu'on lui eût donné une description assez exagérée pour lui faire prendre, pour Pompéï, l'endroit où il venait d'arriver. Il fit des reproches au vieillard de vouloir s'arrêter, au lieu d'avancer jusqu'à la ville, qui, d'après son propre aveu, ne pouvait être éloignée. Le vieillard lui répéta qu'il était arrivé à l'endroit indiqué, et qu'il n'y avait pas d'autre ville ou d'autres maisons dans aucune partie des déserts ou des montagnes. Rien ne pouvait convaincre Belzoni; et persuadé que ce ne pouvait être qu'une duperie de la part du vieillard, il résolut de ne pas s'y soumettre, et comme il y avait encore quatre heures avant le coucher du soleil, il remonta sur son chameau.

BERNARD : Son pauvre chameau qui est si fatigué! Je pense qu'il aurait mieux aimé rester où il était, que de repartir à la recherche de la vieille citée de Bérénice. M. Beechey repartit-il avec lui?

Mme JULIEN : Oui, et toute la caravane les suivit de loin. Ils entrèrent dans une longue vallée ; et remplis de l'espérance de voir bientôt cette ville antique, nos voyageurs marchèrent pendant quatre heures sans apercevoir une seule habitation.

EMILIE : Oh maman ! qu'ils devaient être contrariés et désolés ! Le soleil était près de se coucher, tu sais : par conséquent, il commençait à faire sombre, et il n'y avait pas de maisons auprès. Comment ont-ils fait pour se reposer pendant la nuit ?

Mme JULIEN : Ils parvinrent enfin à une vallée appelée Wady el Gomal, presque toute couverte d'une espèce d'arbres nommés égley : et n'ayant plus d'espoir de trouver Bérénice le soir même, ils firent halte, et se reposèrent sur un beau lit de sable, qui, je crois, était tout aussi commode que le lit de cannes de sucre, quoiqu'à dire vrai Belzoni eût beaucoup mieux aimé coucher au milieu des temples de la grande ville qu'il était venu chercher. Mais les pauvres chameaux, au lieu de se reposer, furent obligés d'aller à plus de quinze milles, chercher de l'eau pour leurs maîtres et pour eux-mêmes.

ALPHONSE : Pourquoi donc, maman, ce vieillard ne voulait-il pas les conduire à l'endroit désigné par M. Caliud ? Peut-être que les mineurs, à Zubara, lui auront dit de garder le secret, de peur que Belzoni ne découvrît quelques mines d'émeraudes à Bérénice ou auprès.

Mme JULIEN : Nos voyageurs ne savaient qu'en penser. Le besoin de provisions commençait à les rendre plus attentifs que jamais : ils avaient du biscuit pour vingt jours encore, mais leurs moutons s'étaient perdus, vous le savez. Cependant ils se seraient crus encore trop heureux, malgré toutes ces privations, s'ils avaient eu au moins la certitude d'arriver enfin à cette ville fameuse, jadis le centre du commerce des Européens et de l'Inde.

Le lendemain matin de bonne heure, ils aperçurent à quatre ou cinq mille de la vallée un monument très-élevé, et comme les chameaux n'étaient pas encore revenus, ils se décidèrent à monter sur une colline d'où ils pouvaient voir le pays, et peut-être les ruines de Bérénice. Ils se mirent en route, et remarquèrent sur leur chemin des troupes de gazelles sauvages sautant de rochers en rochers ; et la vallée, couverte d'arbres de souvaroue et de debbo, formait, avec les égleys qui y croissaient en foule, un agréable spectacle pour des gens qui venaient de traverser un immense désert de sable. Aucune créature humaine n'avait probablement paru dans ces lieux depuis plusieurs siècles, et personne n'y paraîtra probablement pendant beaucoup de siècles encore. Quand ils furent parvenus au sommet de la montagne, ils regardèrent de tous côtés : ils avaient un petit télescope, et la pointe du rocher sur lequel ils se placèrent dominait sur une étendue de plusieurs milles.

BERNARD : Ah! nous allons voir Bérénice!

Mme JULIEN : Hélas! cette ville si long-temps cherchée s'évanouit tout-à-coup, ou plutôt ne leur apparut jamais. On n'en voyait plus aucun reste; tout le pays autour d'eux portait les empreintes de la mortalité et de la destruction. Cette ville, autrefois si florissante et si belle, les tours, les palais et les temples, tout avait disparu, et ils commencèrent à croire que M. Caliud pouvait bien n'avoir vu la ville de Bérénice et ses huit cents maisons que dans son imagination.

ALPHONSE : Oh le détestable M. Caliud! Je pensais bien qu'il ne pouvait rien y avoir de vrai dans les contes merveilleux qu'il débitait avec tant de facilité, et je t'avoue que je commence à me réconcilier un peu avec le vieillard de Zubara.

Mme JULIEN : Belzoni observa quelques montagnes très-élevées au sud-est, et le vieillard qui les avait accompagnés tout le chemin, leur dit qu'elles étaient près de la mer. Ils se décidèrent à suivre cette route, et à voir s'ils ne pourraient pas arriver à l'endroit qu'un ancien voyageur décrit comme étant la situation de Bérénice Trogloditica.

LAURE : L'espérance animait toujours notre cher Belzoni; rien ne pouvait lui faire renoncer à ses projets.

Mme JULIEN : Ils descendirent la montagne, et revinrent à la belle vallée où ils avaient passé la nuit précédente.

Bernard : Et là, ils attendirent sans doute le retour des chameaux qui devaient leur apporter une nouvelle provision d'eau.

Mme Julien : Oui, mon ami : ils en avaient bien besoin, car il ne leur en restait plus qu'un seul zemzabie.

Bernard : Qu'est-ce qu'un zemzabie, maman?

Mme Julien : C'est une espèce de sac de cuir qui contient à-peu-près trois pintes. La soif commençait à se faire sentir, et ils éprouvaient déjà en quelque sorte combien il est affreux d'être privé d'eau. La faim est bien pénible, mais la soif est beaucoup plus insupportable. A la fin, cependant, ils aperçurent de loin les chameaux qui s'acheminaient lentement vers eux. Les pauvres conducteurs pouvaient à peine avancer. La caravane se remit en route pendant quelques heures, et arriva dans une autre vallée, dont les rochers s'élevaient presque perpendiculairement. Ils s'aperçurent que les montagnes diminuaient par degrés; et les tas de sable qui s'élevaient de distance en distance leur firent espérer de voir bientôt la mer. Ils continuèrent leur route très-tard, et s'arrêtèrent enfin dans un endroit où le sable leur procura encore une fois un lit très-commode. C'était fort heureux pour Belzoni; car son chameau ne fut pas plutôt arrivé, que, fatigué de ses longues courses, il jeta Belzoni par terre, et alla aussitôt parmi les ronces réparer un peu ses forces.

Le jour suivant ils reprirent leur voyage; mais les montagnes de sable, au lieu de diminuer comme ils s'y étaient attendus, croissaient continuellement et leur firent craindre qu'ils ne fussent encore loin de la mer. Cependant, vers le milieu du jour, la vallée sembla s'ouvrir tout-à-coup, et à la distance de cinq milles, ils aperçurent le golfe d'Arabie.

Émilie : Quelle joie pour eux d'avoir devant eux une perspective étendue, après avoir été si longtemps renfermés dans cette étroite vallée!

Bernard : Je suis sûr qu'ils aimeront à courir sur le rivage, à contempler les vagues, à les voir s'agiter avec fureur autour d'eux.

Mme Julien : En arrivant sur le rivage, ils s'aperçurent qu'il était couvert de matières pétrifiées, aussi loin que leur vue pouvait s'étendre.

Emilie : J'ai entendu dire, maman, que la mer Rouge est très-renommée pour ses plantes marines, son corail, ses coquillages, et d'autres productions semblables, et que le fond de cette mer est couvert de ces plantes, comme d'une forêt.

Mme Julien : Oui, ces plantes forment une masse solide comme un rocher, et s'étendent depuis le banc de sable qui sert de limite aux vagues, jusque très-avant dans la mer. Belzoni résolut de suivre le long de la côte jusqu'à l'endroit qu'un voyageur dont je vous ai parlé tout-à-l'heure, a nommé Bérénice.

Emilie : Veux-tu avoir la bonté, maman, de me montrer où cette ville est située? Elle n'est pas marquée sur la carte.

Mme Julien : Non, elle ne se trouve pas sur nos cartes modernes; mais je crois que ce doit être tout auprès du cap Lepte, auprès de ce petit point de terre qui s'avance dans la mer, un peu au-delà du vingt-quatrième degré de latitude.

Emilie : J'y ai fait une croix avec un crayon, et je n'oublierai pas que c'est là Bérénice. Continue, maman.

Mme Julien : Belzoni informa les conducteurs de ses intentions; les pauvres diables étaient trop fatigués pour s'y prêter de bonne grâce. Ils refusèrent d'aller plus loin, mais ils s'aperçurent que leur résistance était inutile. Il fut décidé qu'on enverrait deux chameaux chercher de l'eau au puits le plus voisin, et que la caravane attendrait leur retour.

Pendant cet intervalle, Belzoni et ses amis firent une petite excursion le long de la côte; la plaine qui s'étendait depuis les montagnes jusqu'à la mer, était couverte en beaucoup d'endroits de forêts de sycomores, et au pied de ces montagnes, ils virent plusieurs mines de souffre, qu'ils auraient bien voulu montrer à Méhémed Ali. Ils firent un excellent repas de poissons à coquille, dont toute cette côte abonde, et ces poissons furent pour eux sans doute un repas aussi délicieux que l'huile de baleine, pour les petits habitans du Groënland, dont Emilie nous a conté l'histoire.

Emilie : Je suis bien contente au moins que nos pauvres voyageurs aient trouvé quelque nourriture ; je craignais que, dans ces lieux déserts, ils ne mourussent de faim.

Mme Julien : A leur retour auprès de la caravane, ils trouvèrent que leur guide avait rencontré un homme de sa connaissance, qui demeurait à quelque distance, et qui vivait de la pêche. Son habitation ne consistait qu'en une tente de quatre pieds de haut sur cinq pieds de large : sa femme, son fils et une fille composaient toute la famille.

Bernard : Si ce vieux pêcheur était aussi brave homme que le pêcheur que nous connaissons, il ne manquera pas de leur aller chercher du poisson, en voyant que leurs provisions sont épuisées. Tu te rappelles, sans doute, maman, tous ces petits poissons que nous a donnés notre pêcheur.

Mme Julien : L'argent fit sur lui ce que l'humanité seule n'aurait peut-être pas pu faire, et il se résolut à faire de son mieux. Leur méthode de pêcher est assez étrange.

Bernard : Oh ! je t'en prie, ma chère maman, décris-nous bien exactement leur méthode. Je suis sûr qu'ils n'avaient pas d'aussi jolis petits filets que ceux qu'Alfred et Robert m'ont donnés.

Mme Julien : Ils construisent une espèce de bateau fort singulier, et je t'assure, Bernard, que je n'aimerais pas du tout à te voir dans un bateau semblable. Ils jettent à l'eau un tronc d'arbre ; à l'un des bouts, une petite perche s'élève tout droit pour servir de mât, et ils placent au haut un morceau de bois dans une direction horizontale. Un schall de laine que l'on jette sur cette étrange construction, forme la voile ; deux pêcheurs se placent sur le tronc d'arbre, comme Bernard sur son cheval de bois, et au moyen d'une corde attachée au milieu de la voile, ils prennent plus ou moins de vent, selon qu'ils veulent aller plus ou moins vite.

ALPHONSE : Quand les pêcheurs sont ainsi équipés, et à quelque distance du rivage, comment font-ils pour saisir leur proie?

Mme JULIEN : Belzoni ne put jamais le distinguer parfaitement; mais il crut s'apercevoir qu'ils dardaient leurs longues piques contre les poissons, dès qu'ils les voyaient, et les retiraient après les avoir percés. Le vieillard en apporta un à Belzoni : Belzoni ne connaissait pas le nom de ce poisson; mais il se rappela en avoir vu un très-bien représenté parmi les hiéroglyphes du tombeau de Psammuthis.

EMILIE : Les chameaux tardèrent-ils bien long temps à revenir?

Mme JULIEN : Ils revinrent au bout d'un jour ou deux, avec une charge d'eau fraîche : la caravane se sépara en deux parties. Le domestique grec et quelques-uns des chameaux furent envoyés à une source dans une des montagnes voisines, pour y attendre le retour des autres, qui partirent, dans la matinée, le long de la côte. Sur leur route, ils passèrent devant l'habitation de plusieurs autres pêcheurs : mais quand ces pauvres gens voyaient de loin nos voyageurs, ils quittaient leurs tentes et s'en allaient vers les montagnes. Tous les signes qu'on leur faisait de s'arrêter étaient inutiles.

EMILIE : Ils ressemblaient beaucoup alors aux habitans de Mainarty, qui se cachèrent dans une grande caverne, sous les ruines d'un vieux château, et ne voulurent jamais en sortir, malgré toutes les protestations d'amitié que leur fit Belzoni.

Mme JULIEN : Oui, ma chère amie, je me rappelle vous avoir dit qu'ils quittèrent leurs cabanes de la même manière. Quand nos amis arrivèrent à leurs tentes, ils trouvèrent d'excellens poissons tout prêts à servir, et que ces habitans avaient probablement destinés pour leur propre souper. Cependant ils ne se firent pas scrupule de prendre leur part de cette bonne chère; et ayant laissé, sur le haut d'une cruche, de l'argent en paiement, ils se remirent en route. Vers le soir, ils quittèrent le rivage, et commencèrent à sentir que leur provision d'eau ne serait peut-être pas assez considérable; car ils voyaient bien que si l'on n'en avait pas le plus grand soin, elle serait bientôt épuisée. Quelques heures après, ils traversèrent une plaine très-étendue, et se retrouvèrent encore une fois sur le bord de la mer. Ne pouvant espérer de découvrir les ruines de Bérénice cette nuit-là même, ce fut pour eux, du moins, une agréable surprise de se voir tout-à-coup au milieu d'un de ces monceaux de ruines qui servent à indiquer au voyageur la situation des villes anciennes qu'on rencontre si souvent en Egypte. Ils avancèrent et contemplèrent avec étonnement la position régulière des maisons, des principales rues, et, au milieu, un petit temple égyptien presque entièrement couvert de sable, aussi bien que l'intérieur des maisons; leur surprise augmenta encore en examinant les matériaux dont ces maisons étaient construites : ils ne voyaient que du corail, des racines, des madrepores, et différentes espèces de plantes marines pétrifiées.

Emilie : Ma foi, maman, voilà des bâtimens bien étranges! Tu nous as déjà parlé des petites cabanes du Pérou, en cannes de bambou; des habitations de l'Amérique septentrionale, construites de poteaux, de feuilles et de gazon; des retraites des petits lapons, faites d'écorce et de peaux de rennes : nous avons vu nous-mêmes, en Angleterre, les chaumières des pauvres bâties avec du limon; mais nous n'avions jamais entendu parler de maisons de corail et de plantes marines!

Mme Julien : La situation de cette ville était charmante. Nos voyageurs pensèrent que ce ne pouvait être que la ville de Bérénice dont parle d'Anville, puisque la situation de cette ville répondait assez à celle qu'il lui donne sur sa carte. Ils se décidèrent à la considérer plus attentivement. Ils mesurèrent la ville, et prirent le plan du temple, qui était bâti en terre calcaire assez tendre, dans le goût égyptien. Leur plus grand embarras était pour l'eau, qui commençait à leur manquer : il leur en restait si peu, qu'ils craignaient, avec raison, de s'exposer à rester dans ce lieu toute la journée du lendemain. Le puits le plus proche était à un jour de marche. Cependant, malgré leur soif excessive, ils résolurent de l'endurer encore, plutôt que d'abandonner leur projet; et comme la lune brillait dans toute sa clarté, ils consacrèrent l'heure du repos à examiner cet endroit.

Bernard : Comment purent-ils se résoudre à supporter encore la faim, après tant de fatigues? A l'exception des poissons qu'ils avaient trouvé dans les tentes des pêcheurs, ils n'avaient pris, pour toute nourriture, que du biscuit et un peu d'eau, et il y avait déjà long-temps.

Mme JULIEN : Ils se contentèrent très-bien de ce peu de nourriture; mais leur soif augmentait à chaque instant; et leur zemzabie, qui ne contenait, quelques jours auparavant, que trois pintes, était maintenant presque vide. Cependant, pour s'assurer entièrement si c'était bien Bérénice qu'ils avaient enfin découvert, ils engagèrent le scheik à les accompagner encore un peu plus loin, seulement pour voir le pays, et ils laissèrent le reste de la caravane où ils étaient. Avant de partir, ils ordonnèrent au petit Mussa de creuser autour du temple.

BERNARD : Comment! le petit Mussa, maman! Qui est-ce?

Mme JULIEN : C'était un des petits garçons qu'ils avaient amenés avec eux de Gournou. Il devait creuser autour du temple; hélas! le pauvre Mussa n'avait pas de bêche : mais comme c'était du sable assez doux, il se servit d'une coquille à la place.

EMILIE : Je me rappelle maintenant que deux garçons se joignirent à la caravane, à Gournou, pour prendre soin des bagages, et je pense que Mussa en était un.

Mme JULIEN : En avançant dans le pays, nos voyageurs n'aperçurent qu'une plaine immense, au pied de la montagne qui formait le cap au sud; ils avaient des télescopes, mais ne voyaient aucune espèce d'élévation, ou aucun autre objet qui pût leur faire conjecturer qu'il y eût encore, en ces lieux, des traces d'habitations. Ils retournèrent donc à la ville, et trouvèrent que le petit Mussa avait enlevé environ quatre pieds de sable dans un coin du temple; et, à leur grand étonnement, ils découvrirent que c'était un temple égyptien. Ils avaient d'abord pensé qu'il avait été bâti par les Grecs. Les murs étaient ornés de sculptures et d'hiéroglyphes, et ils emportèrent un morceau de marbre, comme pour souvenir.

EMILIE : Il me semble que le petit Mussa avait très-bien travaillé, en pensant qu'il n'avait qu'une coquille au lieu de bêche.

Mme JULIEN : La plaine qui entoure cette ville est très-étendue, et couverte en grande partie d'une multitude de petites plantes. Belzoni examina la ville avec soin, et compta les maisons, pour ne pas s'exposer à une relation infidèle, comme celle de M. Caliud. Il en trouva deux mille. Cette ville étant sur la côte, était autrefois un port d'où l'on commerçait avec l'Inde. Ayant passé dans cet endroit autant de temps que la prudence le leur permettait, ils recommencèrent leur voyage du côté du nord-ouest, avec la ferme intention de revenir un jour considérer toutes ces ruines.

ALPHONSE : Au nord-ouest? ils se dirigent alors vers Esnè, si je ne me trompe. J'espère qu'ils vont rencontrer quelque puits sur leur route, car ils doivent avoir bien soif maintenant.

Mme JULIEN : Ils quittèrent la ville et ses ruines ce soir même; et après avoir voyagé pendant plusieurs heures à la clarté de la lune, ils arrivèrent heureusement au puits d'Aharatret, pays montagneux, où l'eau est très-bonne à boire.

BERNARD : Quelle joie pour eux! Cependant il me semble que leur provision de biscuits doit être à-peu-près consommée.

Mme JULIEN : Oui; mais ils eurent le bonheur d'apercevoir quelques moutons autour du puits, et ils espéraient pouvoir en acheter un. Ils s'approchèrent dans cette intention; mais le gardien du troupeau ne les eut pas plutôt aperçus, qu'il chassa ses moutons vers les montagnes, privant ainsi nos voyageurs du repas qu'ils s'étaient promis. Cependant, comme ils n'étaient pas disposés à perdre ainsi ce qu'ils pouvaient se procurer en le payant, ils poursuivirent et atteignirent les fugitifs. Parvenus auprès du troupeau, ils trouvèrent qu'il n'était gardé que par deux bergères. Ces filles se disposaient à entrer au milieu des montagnes, lorsqu'elles furent arrêtées dans leur fuite, auprès de la fontaine, par nos voyageurs; mais moins farouches que les pêcheurs des côtes de la Mer-Rouge, les habitans de Mainarty, on parvint facilement à leur persuader de revenir et de vendre un de leurs moutons à la caravane affamée. La petite troupe arriva à Sakeit-Minor au bout de quelques jours, et, de-là, retourna à la vallée Wady-el-Gomal, après quoi ils traversèrent une grande plaine sablonneuse, et parvinrent enfin à l'entrée d'une chaîne de montagnes qui conduit au Nil. Leurs chameaux étaient alors tellement épuisés de fatigue, qu'ils ne pouvaient presque plus avancer; ils en avaient déjà perdu trois sur la route. Il est difficile, pour ceux qui n'ont jamais vu de désert, de pouvoir s'en former une idée bien précise : un désert apparaît, à celui qui le traverse, comme une plaine interminable, couverte de sable et de pierres, sans route, sans abri, sans subsistances. Les arbres et les arbrisseaux épineux, qui ne paraissent que lorsque la saison pluvieuse a répandu quelque humidité sur la terre, ne peuvent servir qu'à nourrir les oiseaux et les animaux sauvages. Tout est encore, dans ces lieux, dans l'état imparfait de la nature. Les sources d'eau sont ordinairement à quatre, cinq ou six jours de marche l'une de l'autre. Il peut arriver qu'une de ces sources ait été desséchée par les ardeurs du soleil ou quelque autre cause; et si cette terrible calamité arrive au puits suivant, que le voyageur fatigué recherche avec tant d'ardeur, rien ne peut décrire la situation affreuse où l'on se trouve placé.

BERNARD : Les chameaux sont cependant avec eux, maman.

Mme JULIEN : Quoique toute leur existence dépende entièrement de ces animaux utiles, ces animaux eux-mêmes sont quelquefois si altérés, qu'ils ne peuvent continuer leur route. C'est alors que leur condition devient réellement horrible, car il n'y a plus, pour eux, de ressources. Beaucoup d'entre eux périssent dévorés d'une soif ardente. Combien on sent, dans une situation pareille, le prix d'une coupe d'eau fraîche!

EMILIE : Oh! oui, un seul *zemzabie* serait pour eux un trésor.

Mme JULIEN : Dans ces circonstances, il n'y a plus de distinction. Si le maître n'en a pas, l'esclave ne partagera pas avec lui; car il y a bien peu d'occasions où l'homme se résout à perdre volontairement la vie pour sauver celle d'un autre, surtout dans une caravane, au milieu du désert, où l'on est comme étranger l'un à l'autre. Quelle position! les richesses ne serviront de rien; il importe peu alors que l'on soit le propiétaire de la caravane, le propriétaire peut mourir lui-même dans ce désert, en demandant, à ses compagnons, un verre d'eau pour étancher la soif qui le dévore : personne ne se présente pour lui en donner. Il offre tout ce qu'il possède : personne ne l'écoute ; ils sont tous mourans comme lui; et cependant, quelques milles encore, ils pourraient être sauvés. Les chameaux sont couchés, et ne veulent faire aucun effort pour se relever : aucun d'eux n'a la force d'avancer encore quelques pas. Celui-là seul, qui possède encore un verre d'eau, qu'il ne voudrait pas donner pour toutes les mines de Zubara, peut avoir quelque espoir de vivre, et, s'il a la force de se traîner encore quelque temps, peut-être il expire aussi.

ALPHONSE : Oh! maman, quelle situation! quel tableau terrible! être exposé aux ardeurs du soleil, sans eau, sans abri, au milieu d'un désert brûlant!

Mme JULIEN : Je crois que ces souffrances sont les plus grandes que l'homme puisse endurer. Les yeux s'enflamment; la langue et les lèvres s'enflent par degré; un bourdonnement continuel retentit dans les oreilles; une faiblesse, une langueur dont on ne peut se défendre, ne permettent pas d'avancer ; une larme ou deux s'échappent de temps en temps des yeux du malheureux voyageur; il tombe sur la terre et devient insensible. Un peu d'eau eut pu calmer toutes ses douleurs.

Revenons maintenant à Belzoni.

EMILIE : Oui, maman, nous l'avons laissé prêt à entrer dans cette chaîne de montagnes qui conduit au Nil.

Mme JULIEN : La caravane avança très-vite, comme auparavant, jusqu'à ce qu'elle arriva sur les bords de ce fleuve, et la fraîcheur de ses eaux leur fit avouer, à tous, que ce fleuve était supérieur à tous les autres. Ils montèrent à bord d'un petit bateau, ce soir même, et partirent pour Esnè.

BERNARD : Quelle apparence présentait le pays, maman? Tu dois te rappeller que lorsqu'ils remontèrent le Nil, presque tout le pays autour était inondé, et que les pauvres habitans s'étaient réfugiés dans les petites îles voisines, étendant leurs mains pour implorer du secours.

Mme JULIEN : Quoique l'eau ne se fut retirée que depuis quinze jours, cependant toutes les terres qui étaient auparavant inondées, étaient maintenant, non-seulement sèches, mais aussi toutes couvertes de plantes; les villages que le courant avait emportés, étaient tous rebâtis; les barrières avaient été reposées; les fellahs travaillaient dans toutes les campagnes; l'aspect était entièrement changé et présentait partout le tableau de l'industrie et du bonheur. Ils arrivèrent à Esnè au bout d'un jour ou deux et allèrent rendre leur visite au Bey qui les reçut avec beaucoup de politesse, leur fit beaucoup de questions sur les mines et témoigna le désir d'apprendre d'eux le résultat de leur voyage. Ils repartirent ensuite et arrivèrent après une absence de quarante jours, à la ville de Gournou que vous connaissez si bien.

CHAPITRE V.

Le cerf-volant du docteur Franklin. — Des matelots montent sur la colonne de Pompée, à l'aide d'un cerf-volant de papier. — L'Obélisque transportée de l'île de Philoé; elle tombe dans le Nil. — Méthode ingénieuse employée pour la retirer. — Elle est lancée sur la Cataracte, et arrive en sûreté à Rosetta. — Belzoni se rend à Béban el Malook. — Il complète ses desseins et ses modèles de la tombe. — Il dit un dernier adieu à Thèbes. — Il traverse le désert occidental à la recherche de Jupiter Ammon. — Il parvient au lac Méris. — Il trouve des roses en abondance. — Il visite le temple de Haron, situé près du lac, au milieu des rochers. — Il est attaqué par une hyène furieuse. — Description du fameux labyrinthe. — Il va à Elloah. — Son entrevue avec Khalil Bey. — Histoire des Bédouins. — Belzoni traverse le désert, accompagné de Schick Grumar. — Un homme s'élance d'un taillis. — Il arrive à Zaboo. — Entrevue avec le schick et le cadi de El Cassar. — Belzoni va dans leur village. — Il découvre le siége du temple. — Il éprouve un funeste accident à son retour à Zaboo. — Il parvient à Benisœuf. — Il arrive au Caire, s'embarque pour l'Europe, et revient en Angleterre.

Maman, s'écria Bernard en courant dans la chambre du déjeûner où sa mère était assise, et jetant son petit chapeau de paille sur le sopha : Sais-tu à quoi je viens de penser?

En vérité, mon ami, dit madame Julien, tes occupations sont si variées, qu'il me serait, je crois, assez difficile de deviner juste.

Devine toujours, maman, devine! s'écria Bernard.

La bonne mère chercha à contenter son fils et lui nomma son jardin, son bidet, son petit télégraphe, son petit cerisier favori; mais envain.

Je pensais, dit Bernard, que lorsque je serais plus âgé, je prierais papa ou Alphonse de m'apprendre à nager, et que je ferais voler mon cerf-volant pendant que je serais dans l'eau, comme le docteur Franklin faisait quand il était enfant. Que dis-tu de mon plan?

Mme JULIEN : Je crois qu'il y aurait quelque danger à le faire, du moins, quant à présent. Franklin était né à Boston, en Amérique, et avait appris à nager dès sa plus tendre jeunesse, de sorte qu'il était aussi habile et aussi adroit pour cela que pour les autres choses. Mais qu'est-ce qui t'a fait penser à lui tout-à-l'heure?

BERNARD : Nous venons du parc, Alphonse et moi, où nous avons fait voler notre nouveau cerf-volant, et Alphonse m'a raconté le plaisir que Franklin trouvait dans sa nouvelle méthode de nager. Te le rappelles-tu, maman? Un jour il voulait s'amuser avec son cerf-volant et jouir en même temps du plaisir de nager, il entra dans l'eau, et se couchant sur son dos, tint le bout de la ficelle dans sa main, et descendit ainsi la rivière, transporté de joie. J'aurais bien voulu être Franklin! Il engagea un petit garçon à lui porter ses habits de l'autre côté du bassin, à un endroit qu'il lui désigna, et pendant ce temps-là, il traversa lui-même le bassin en faisant toujours voler dans les airs, son joli cerf-volant. N'est-ce pas là une invention très-habile?

Mme JULIEN : Oui, sans doute, c'était faire deux choses à la fois. Mais ce n'est pas surtout pour sa nouvelle manière de nager que j'admire le docteur Franklin. Ils montra le plus grand talent dès son enfance, et devenu grand, il rendit les plus importans services à sa patrie et au monde entier. Cependant je ne te conseillerais pas de chercher à l'imiter dans l'exploit qui te fait tant de plaisir, jusqu'à ce que tu aies acquis un peu de son expérience.

Je puis te dire, si tu veux, un autre exploit fait au moyen d'un cerf-volant.

Oh oui ! dis-nous le, ma chère maman, s'écria Bernard en saisissant son petit tabouret et s'asseyant auprès de sa mère.

Mme Julien : Tu as peut-être entendu parler de la colonne de Pompée?

Bernard : Oui, maman, elle n'est pas loin d'Alexandrie, cette ville dans laquelle aborda Belzoni, en arrivant en Egypte, et je pense que cette colonne a été élevée à la mémoire d'un général romain, ainsi que papa l'appelle.

Pompée fut tué en entrant dans ce pays, presqu'aussitôt qu'il fut monté dans la petite barque qu'on lui avait préparée à ce dessein. Je voudrais bien savoir si le perfide Achillas eut des remords de son crime en entendant les gémissemens de Cornélie. Qu'en penses-tu maman?

Mme Julien : Tous les sentimens d'humanité étaient bannis de son cœur; mais nous parlerons de cela une autre fois.

La colonne appelée colonne de Pompée a cent dix pieds de haut. Le monument le plus élevé de Londres a deux cent deux pieds, et vous pouvez juger, d'après cela, de la hauteur du premier. Il n'a presque rien souffert des injures du temps, et a été bâti d'après l'ordre corinthien, qui est à la fois simple et majestueux. Le piédestal a été un peu endommagé par les instrumens des voyageurs, qui, tous, désirent posséder une relique de ce monument antique; et une des volutes de la colonne a été enlevée, il y a quelques années, par l'adresse de quelques capitaines Anglais, du moins, je l'ai entendu dire ainsi, mais je ne puis attester la vérité de cette histoire, que d'après l'autorité du voyageur (Irwin) qui la raconte.

Bernard : Continue, maman, je désire beaucoup savoir comment il parvint à se procurer une des volutes. Mais dis-moi quand cette colonne a été bâtie?

Mme Julien : Pompée fut tué dans l'année 706. Le temps de l'érection de la colonne est à peine connu; mais elle reçut son nom au quinzième siècle, lorsque la science commença à sotir de cet état d'inaction où elle avait langui si long-temps, et c'est alors que les hommes instruits donnèrent des noms à presque tous les monumens.

Un matelot anglais se promenant un jour dans le port d'Alexandrie, eut une idée fort étrange; il la communiqua à ses compagnons, et la bizarrerie même de cette idée la fit aussitôt adopter par tous les autres, car l'impossibilité apparente qu'il y avait à l'exécuter ne les rendit que plus empressés à l'essayer. Maintenant, Bernard, tu serais sans doute aussi long-temps à découvrir leur plan que je l'ai été moi-même tout-à-l'heure à découvrir que tes pensées étaient occupées du docteur Franklin.

Bernard : Je crois que leur plan doit avoir rapport à la colonne de Pompée. Peut-être, maman, ont-ils l'intention d'y monter; mais comment pourront-ils y parvenir? c'est ce que je ne puis m'imaginer.

Mme Julien : Ils descendirent sur le rivage avec tous les instrumens nécessaires, se promettant de boire un bol de punch sur le sommet de la colonne. Ils arrivèrent bientôt à l'endroit où elle était placée, et chacun d'eux proposa une méthode différente pour accomplir leur projet désiré. Mais tous leurs efforts furent inutiles, et ils commençaient déjà à désespérer du succès, quand le hasard qui avait fait imaginer cette entreprise, leur donna aussi le moyen de l'exécuter. Ils envoyèrent un homme à la ville pour aller chercher un cerf-volant de papier. Cependant les habitans du pays ayant appris ce qui se passait, vinrent en foule pour être témoins du courage des Anglais. Le gouverneur d'Alexandrie fut informé que les matelots voulaient renverser la colonne de Pompée; cependant il eût la politesse de les laisser à eux-mêmes, disant que les Anglais étaient trop bons patriotes pour outrager les restes du grand Pompée. Le cerf-volant arriva bientôt, et le vent se trouvant heureusement dans la direction convenable, il vola directement au-dessus de la colonne, de sorte que lorsqu'il tomba de l'autre côté, la ficelle qui y était attachée vint s'arrêter sur le sommet.

Bernard : Oh! les habiles gens! je parierais ce qu'ils vont faire; ils arriveront dans une ou deux minutes.

Mme Julien : Le principal obstacle était surmonté. Une grosse corde fut attachée à l'un des bouts de la ficelle et on la fit passer sur le haut de la colonne, par celui des bouts de la ficelle auquel le cerf-volant était attaché. Au moyen de cette corde, un des matelots monta jusqu'au sommet. Les matelots, vous le savez, sont accoutumés à grimper habilement sur les cordages des vaisseaux, et ceci ressemblait un peu à leurs exercices ordinaires. En moins d'une heure, une espèce d'échelle en corde fut construite, par laquelle toute la compagnie monta, au milieu des applaudissemens et des acclamations de la multitude étonnée.

BERNARD : Comme il est agréable d'être matelot! Les matelots savent faire des choses si extraordinaires! Et combien, aussi, le cerf-volant leur fut utile!

Mme JULIEN : Pour ceux qui regardaient d'en bas, le sommet de la colonne ne paraissait pas pouvoir tenir plus d'un homme à la fois; mais nos matelots s'aperçurent que huit personnes, au moins, pouvaient y être fort à leur aise.

EMILIE : N'est-il arrivé aucun accident, maman? Je crains que de regarder d'une telle hauteur ne les étourdisse.

BERNARD : Tu oublies, Emilie, qu'ils étaient des matelots, et parconséquent, accoutumés à regarder du haut des mâts les plus élevés. Mais endommagèrent-ils la colonne, ma chère maman?

Mme JULIEN : Ils n'enlevèrent que la volute dont je vous ai parlé tout-à-l'heure, et qui descendit avec un bruit horrible. Cette volute fut transportée en Angléterre par l'un des capitaines. Les matelots assurent qu'il restait encore, sur le monument, le pied d'une statue; probablement de la statue de Pompée lui-même.

BERNARD : Crois-tu, maman, que l'histoire que tu viens de nous dire, soit exactement vraie?

Mme JULIEN : Je ne peux pas dire que je sois entièrement sûre que cette aventure soit arrivée. Je ne puis m'en fier que sur le témoignagne des autres. Mais ceux qui tentèrent cette entreprise en ont laissé le souvenir, en inscrivant immédiatement au-dessous du sommet de la colonne, les initiales de leurs noms en grosses lettres noires.

Bernard : N'importe, maman, c'est une anecdote très-amusante. Les cerf-volants sont une invention très-ingénieuse, et je t'assure que j'aime maintenant le joli cerf-volant qu'Édouard m'a donné, beaucoup plus que jamais. Sans cerf-volant, les matelots n'auraient pu jamais arriver au sommet de la colonne de Pompée.

Émilie : Tu sais, maman, que Belzoni a été à Alexandrie. A-t-il vu tout cela ?

Mme Julien : Je ne pourrais pas te le dire, mon amie ; je ne crois pas qu'il en parle ; cependant il est certain qu'il a été plus d'une fois à Alexandrie, car c'est là qu'il fit embarquer l'obélisque qu'il avait apporté dans l'île de Philoé.

Émilie : Ah ! ma chère maman, parle-nous un peu de cet obélisque, il y a bien long temps que je désirais savoir ce qu'il était devenu. Belzoni l'a laissé dans l'île de Philoé, à son retour d'Ybsambul, et il a donné quatre dollars à l'Aga pour la faire garder, jusqu'à ce qu'il pût se procurer un bateau et le descendre le long du Nil.

Alphonse : L'obélisque était couché au milieu de plusieurs blocs ; il était fait de granit et avait vingt-deux pieds de long. Continue, maman.

Mme Julien : Vous vous rappelez sans doute que nous avons laissé Belzoni à Gournou ; après être resté fort peu de temps dans cet endroit, il remonta le Nil jusqu'à Assouan.

Émilie : Voici la vieille ville d'Assouan ; elle s'élève sur une coline qui domine le fleuve, sur le côté du Nil, vis-à-vis la première cataracte, et Philoé est dans le Nil, entre la première cataracte et Assouan.

Mme Julien : Belzoni descendit dans cette île pour visiter un peu le bord où il devait embarquer l'obélisque. Au bout de quelques jours il fit commencer des travaux, et se procura un bateau pour y faire placer l'obélisque. La plus grande difficulté était d'engager le capitaine à faire descendre le bateau chargé de l'obélisque, le long de la cataracte, ce qui était absolument nécessaire ; toutefois, encouragé par la promesse d'un beau présent, le capitaine se chargea de cette entreprise. Il eut quelque peine à se pro-

P. 133.

Quand cette masse pesante eut été placée sur le môle, le môle, l'obélisque et plusieurs ouvriers furent entraînés dans le fleuve.

P. 136.

L'Obélisque fut ensuite placée sur ce pont et traînée ainsi jusqu'à bord du bateau.

curer des bâtons ou des petites perche à Assouan; car il n'y a dans ces lieux d'autre bois que celui qu'il font venir du Caire. Il eut aussi quelques difficultés à enlever l'obélisque de l'endroit où il était ; mais une fois mis en mouvement, on le fit descendre bientôt jusqu'au bord de l'eau.

BERNARD : Je voudrais bien savoir s'ils lui firent une chaussée, et l'embarquèrent aussi habilement que le jeune Memnon.

Mme JULIEN : Belzoni donna des ordres pour qu'on élevât une espèce de môle provisoire avec de gros blocs de pierre. L'ouvrage une fois fini, personne ne douta qu'il ne fût assez fort pour le poids qu'il avait à soutenir. Mais, hélas! quand l'obélisque descendit graduellement sur le bord qui allait en pente, et que cette masse pesante eût été placée sur le môle, le môle, l'obélisque et plusieurs des ouvriers furent entraînés par un léger mouvement, et, au grand désespoir de Belzoni, descendirent majestueusement dans le fleuve.

EMILIE : O mon Dieu! voilà maintenant l'obélisque perdu! Quelle mortification pour le pauvre Belzoni! Mais pourquoi ne s'est-il pas assuré que le môle ne présentait aucun danger?

Mme JULIEN : Il n'avait aucune raison de penser qu'il y en eût. Il est vrai qu'il n'avait pas été présent pendant qu'on l'avait construit, parce qu'il était allé examiner un passage de la cataracte, où le bateau devait être lancé; mais maintenant il était trop tard. Quand il fixa les yeux sur l'endroit d'où le môle était tombé dans le Nil, il observa que les pierres qui devaient servir de fondement, sur ce bord qui allait en pente, avaient été placées sans soin, de sorte qu'il était presqu'impossible que l'obélisque ne les renversât pas et n'entraînât pas tout avec lui dans le fleuve.

ALPHONSE : C'était réellement une négligence bien coupable; mais toutes ces réflexions sont inutiles. L'obélisque de Philoé est dans le fleuve, et il faut qu'il y reste.

Mme JULIEN : Mon cher Alphonse, Belzoni ne perdit pas, comme toi, courage. Sans doute, il était bien mortifié; mais comme il n'était qu'à trois pas de là, quand ce malheur arriva, il resta pendant quelques instans dans l'étonnement et la confusion. A la fin, la perte d'un monument aussi précieux de l'antiquité, et les reproches que lui en feraient tous les autres antiquaires, se présentèrent à son imagination et il résolut d'essayer ce qu'il pourrait y faire.

Bernard : Oh! il peut bien l'essayer tant qu'il le voudra; je ne crois pas, pour ma part, qu'il parvienne jamais à retirer du Nil le grand obélisque.

Emilie : Et moi, Bernard, je crois qu'il y parviendra. Tu oublies que presque toutes ses entreprises ont été couronnées du succès; il a souvent éprouvé la vérité de la maxime de maman : *Le travail vient à bout de tout.*

Mme Julien : L'obélisque paraissait encore un peu au-dessus de l'eau. Les ouvriers étaient d'humeur différente : les uns étaient fâchés, non pour la perte de l'obélisque, qui leur était en elle-même indifférente, mais pour la perte de ce qu'ils espéraient gagner en le descendant le long de la cataracte ; d'autres riaient de la confusion qui paraissait sur la figure de Belzoni. Les uns allaient d'un côté, les autres d'un autre; et Belzoni resta seul sur le rivage, absorbé dans ses pensées, et contemplant la partie de l'obélisque qui s'élevait encore au-dessus de l'eau.

Emilie : Je suis sûre qu'il va maintenant réfléchir, et qu'il trouvera un moyen de retirer l'obélisque; j'espère qu'il saura former un bon plan, et le mettre à exécution.

Mme Julien : Il réfléchit long-temps en vérité; mais il était aussi embarrassé qu'il l'avait été pour le jeune Memnon ; car il n'avait avec lui aucune espèce d'instrumens, et les cordes de feuilles de palmier qu'il avait étaient presque toutes cassées, vieilles et hors d'état de servir.

Alphonse : Quel contre temps encore! Ne pouvait-il s'en procurer autre part?

Mme Julien : Il se détermina bientôt à retirer l'obélisque en dépit de tous les obstacles; il envoya en conséquence chercher des ouvriers pour le lendemain matin, et eut soin de se procurer, à Assouan, de nouvelles cordes.

Emilie : Veux-tu nous dire, ma chère maman, comment il conduisit cette entreprise difficile; car je n'en ai point la moindre idée?

Mme Julien : Les ouvriers qu'il employa étaient très-accoutumés à l'eau, et pouvaient y rester tout un jour sans difficulté; de sorte que Belzoni eut en cela le plus grand avantage. Les travaux commencèrent le lendemain matin. Plusieurs hommes entrèrent dans le fleuve, et construisirent un grand amas de pierre sur le côté de l'obélisque opposé au rivage.

Alphonse : C'était sans doute dans l'intention d'établir un point d'appui pour les leviers; mais je ne comprends pas comment ils pourraient mettre des leviers sous l'eau comme sur le rivage.

Mme Julien : Ils ne le pouvaient pas sans doute, mon ami; mais en s'appuyant eux-mêmes sur l'extrémité de longs morceaux de bois, leur poids seul produisit le même effet.

Alphonse : Alors un bout de ces longues perches, appelées leviers, passait sous l'obélisque, et les autres bouts étaient appuyés sur l'amas de pierre; et, ainsi, les ouvriers, en s'appuyant sur les leviers, faisaient tourner et retourner doucement l'obélisque, jusqu'à ce qu'il put arriver sur le bord du rivage.

Mme Julien : Exactement. Deux cordes furent aussi passées sous l'obélisque, et les hommes qui étaient sur le rivage tiraient les deux bouts de ces cordes de toutes leurs forces. Du côté où étaient les leviers, Belzoni avait fait placer d'habiles plongeurs, qui étaient toujours prêts à mettre de grosses pierres sous l'obélisque, à mesure qu'il s'élevait, afin qu'il ne pût pas revenir dans sa première position.

Alphonse : Comme ils devaient avoir l'air tout occupés ! Il me semble les voir d'ici. Les ouvriers qui tenaient les cordes tiraient de toutes leurs forces; ceux qui étaient sur l'amas de pierre se levaient et s'asseyaient tour-à-tour, pour faire aller les leviers; et les plongeurs étaient occupés à placer continuellement les pierres l'une après l'autre, tandis que l'obélisque s'élevait par degré, et tournait à chaque moment, enlevé par son propre poids. Il vont continuer jusqu'à ce que Belzoni, transporté de joie, voie encore une fois le monument sur la terre ferme.

Mme Julien : Il y arriva en effet au bout de deux jours; mais il reste un autre obstacle à surmonter, avant qu'il parvienne à Alexandrie.

EMILIE : Ah! c'est sans doute en descendant la cataracte. Tu nous disais que l'obélisque devait y être laissé.

ALPHONSE : Tu oublies, Emilie, qu'il n'a pas encore été embarqué.

BERNARD : Ah! maman, dis-nous comment cet embarquement se fit enfin. Je parie bien que Belzoni ne construira plus de ces môles qui ont été la cause de son dernier malheur.

Mme JULIEN : Cette opération s'exécuta cette fois par le moyen d'un pont de palmiers jeté du milieu du bateau jusqu'au rivage : l'obélisque fut ensuite placé sur ce pont et traîné ainsi jusqu'à bord du bateau. Quand il fut parvenu au milieu, les palmiers furent enlevés, et, aussitôt après, toute la société partit avec l'obelisque pour le lancer le lendemain matin le long de la cataracte.

ALPHONSE : Je désire bien savoir comment une opération aussi dangereuse fut exécutée. J'espère que l'obélisque ne tombera pas une seconde fois dans le Nil.

Mme JULIEN : Il avait à descendre la plus grande chute d'eau de la cataracte. Quand l'inondation est d'une hauteur ordinaire dans le Nil, elle forme une colonne d'eau d'environ trois cents pieds de longueur, et qui tombe au milieu de rochers et de pierres saillantes qui s'avancent sur plusieurs points différens. Le bateau fut amené sur le bord de la cascade; une forte corde, ou pour mieux dire, un petit cable fut attaché à un gros arbre; et le bout fut passé dans des trous du bateau, partiqués dans cette intention afin de pouvoir retarder ou arrêter sa course, comme il serait jugé convenable. Il n'y avait que cinq hommes dans le bateau, et sur les rochers de chaque côté de la cascade, il y en avait une multitude d'autres placés en différens endroits, avec des cordes attachées au bateau, de manière à pouvoir le tirer au besoin d'un côté ou d'un autre pour l'empêcher de se précipiter contre les pierres; car vous pensez bien que s'il avait été touché le moins du monde, lorsqu'il portait un tel poids et dans un courant aussi rapide, il eût été probablement mis en pièces.

ALPHONSE : Mais je croyais que les cordes que Belzoni avait achetées à Assouan, étaient assez fortes pour arrêter le bateau dans sa course, s'il avait été en danger de se précipiter contre un rocher.

Mme Julien : Ces cordes étaient suffisantes pour ralentir un peu la course, mais non pour l'arrêter entièrement; et tu oublies d'ailleurs que si l'on avait essayé d'arrêter le bateau lorsqu'il descendait avec une telle rapidité, l'eau serait infailliblement entrée de toute part et l'aurait submergé en un instant. Dans une telle position, tout dépendait de l'adresse des ouvriers qui étaient placés dans les différens endroits pour tirer ou lâcher les cordes lorsqu'il le fallait. Belzoni ne manqua pas d'employer toutes les exhortations, et ce peuple sauvage, comme il l'appelle, se montra dans cette occasion, aussi attentif et aussi soigneux, que les plus habiles pilotes. Le Reis ou propriétaire du bateau craignait à chaque moment de le voir détruit.

Emilie : Le Reis était donc présent, maman ?

Mme Julien : Oui; il avait prêté son bateau, seulement parce que son commerce n'allait plus; mais quand il vit le danger où il était, il se mit à pleurer comme un enfant, et pria Belzoni d'abandonner son projet et de lui rendre son bateau.

Alphonse : Quelle folie de pleurer comme un enfant! j'espère du moins que Belzoni ne fit point attention à ses gémissemens.

Mme Julien : Certainement les larmes étaient inutiles; mais il faut nous rappeller que toute l'existence de ce pauvre homme dépendait de son bateau : quand il le vit sur le point d'être lancé, il se jetta la figure contre terre, et ne se leva que lorsque le danger fut passé.

Quand tout fut prêt, Belzoni donna le signal pour laisser aller le cable.

Alphonse : J'aurais bien voulu être là, maman. Quel beau spectacle ce devait-être!

Mme Julien : Le bateau s'avança avec une grande rapidité; les ouvriers qui étaient sur le rivage, laissaient aller peu à peu le cable, et le bateau continua jusqu'à ce qu'il arriva au fond de la cataracte.

Bernard : (Frappant des mains). Oh! j'en suis bien content, maman, j'en suis bien content. J'aime à voir Belzoni recevoir la récompense de tous ses travaux. Eh! quelle joie encore pour le pauvre propriétaire du bateau! Je parie bien qu'il ne restera plus couché sur la terre.

Mme Julien : Oh ! non ; il alla plein de joie féliciter Belzoni de l'heureux succès de son entreprise. Les ouvriers eux-mêmes en paraissaient charmés, indépendamment de l'intérêt qu'ils pouvaient en retirer. Ce plaisir des Arabes ajouta encore au plaisir de notre antiquaire, car il arrive rarement que des sentimens aussi désintéressés entrent dans le cœur des Arabes.

Après avoir passé deux ou trois endroits peu dangereux, ils arrivèrent en sûreté à Assouan, le même jour. Belzoni se prépara aussitôt à partir de là pour Thèbes ; il quitta le bateau, voyagea par terre, et reprit son ancienne résidence parmi les tombeaux de Beban el Malook.

Emilie : Mais que devint l'obélisque ? Je croyais qu'on devait le transporter à Alexandrie.

Mme Julien : Il passa par Luxor.

Emilie : Tout auprès de Thèbes, alors, maman.

Mme Julien : Et de là il fut transporté à Rosetta, où il resta quelque temps.

Bernard : Tu dis, maman, que Belzoni reprit son ancienne demeure à Beban el Malook. Je crains bien qu'il n'ait oublié qu'il doit aller à Jérusalem, rejoindre madame Belzoni.

Mme Julien : Non, il ne l'avait pas oublié ; il lui avait écrit qu'il ne pouvait pas aller en Syrie, et elle s'était déterminée d'après cela à revenir de Jérusalem, et à l'attendre dans la Vallée. Je vous ai déjà dit, si je ne me trompe que l'entrée du tombeau nouvellement découvert était située sous un petit torrent d'eau qui s'y jette lorsqu'il pleut. Cela n'arrive que rarement en Egypte, mais par un grand hasard il vint à pleuvoir pendant que Belzoni remontait le Nil, et par conséquent l'eau était entrée dans le tombeau, entraînant avec elle une grande quantité de boue, et avait endommagé quelques-unes des figures. Toutefois, il était impossible de remédier à ce malheur. Belzoni termina les modèles et les dessins qu'il voulait prendre, et parvint avec beaucoup de difficulté à enlever le grand Sarcophage, et le plaça dans un énorme coffre. Le terrain sur lequel il avait à passer avant d'arriver au Nil, était inégal pendant plus de deux milles, mais on le fit avancer au moyen de rouleaux, et on le mit enfin en sûreté à bord. Notre voyageur ayant terminé ses recherches de ce côté, se prépara maintenant à faire ses derniers adieux à Thèbes.

Avant de s'embarquer, il se représenta tous ces tableaux qui lui avaient procuré tant de plaisir; plein d'une tristesse religieuse il alla visiter les restes de la grandeur ancienne; contempla pour la dernière fois ce temple et ces colonnes qui avaient triomphé des ravages du temps et de la barbarie des hommes; un sentiment pénible mêlé d'émotions de plaisir et de regrets, le fit redescendre plusieurs fois dans la Vallée où ses efforts avaient été couronnés de tant de succès. Au mois de janvier 1819, il quitta ces lieux si long-temps connus, et que tant de souvenirs lui avaient rendus chers, et arriva au Caire le mois suivant. Il ne s'arrêta que quelques jours dans cette ville, et poursuivit son voyage jusqu'à Rosette, où prenant avec lui l'obélisque, il s'embarqua de nouveau, et arriva quelques temps après à Alexandrie, où il avait l'intention de s'embarquer enfin pour l'Europe.

Bernard : (D'un air triste et fâché). Ah! maman, tous nos plaisirs vont se terminer! Belzoni retourne en Angleterre, et nous n'entendrons plus parler de ses aventures!

Mme Julien : Ils ne quittèrent pas Alexandrie de suite, et si tu veux, tu peux encore accompagner notre ami dans un autre petit voyage qu'il fit pour visiter un temple dans le désert, à l'occident : nous n'avons pas encore été de ce côté du Nil.

Emilie : Veux-tu me montrer, ma chère Laure, la situation de ce temple sur la carte, et me dire quel motif y conduisit Belzoni?

Laure : Le temple de Jupiter-Ammon avait été depuis long-temps, l'objet d'actives recherches pour un grand nombre de voyageurs; mais la véritable place où il a existé, n'avait pas encore été bien établie, et c'est l'espoir de la découvrir, ainsi que le désir de visiter quelques pyramides et de rechercher le fameux labyrinthe, qui avaient excité la curiosité de Belzoni.

Emilie : Pourquoi le temple était-il consacré à Jupiter Ammon?

Laure : Parce que Jupiter Ammon était un des dieux de la Mythologie égyptienne; il était adoré sous la figure d'un bélier.

Mme Julien : Ayant laissé madame Belzoni à Rosetta, notre voyageur prit un petit bateau et arriva en neuf jours à Benisœuf.

Emilie : Je le suis du doigt le long du Nil; me voilà maintenant à Benisœuf, tout-à-fait au sud du Caire. Qui est-ce qui accompagnait Belzoni, maman ?

Mme Julien : Un domestique, et un hadge *maure* qui revenait de la Mecque, qui le pria de le laisser se joindre à lui. A Benisœuf, ils se procurèrent de petits bidets pour les conduire jusqu'au lac Méris; ils repartirent le même jour et dirigèrent leur course à travers une grande plaine qui était cultivée et couverte de blé et des autres productions du pays. Au moment de l'inondation, cette plaine se trouvait toute entière sous l'eau, excepté les villages épars qui ressemblaient à de petites îles, comme je vous l'ai déjà décrit. A quelques milles du Nil, les montagnes, à l'ouest, sont assez basses; elles s'ouvrent et forment une vallée dans la province appelée Faioum; et c'est à l'entrée de cette vallée que la petite société arriva la première nuit de leur voyage.

Bernard : Se couchèrent-ils sur le sable, maman?

Mme Julien : Ils se reposèrent sous quelques arbres de dattes, auprès d'un canal qui traverse la vallée, à deux milles environ de la première Pyramide. Là, après un léger repas, Belzoni alla se coucher sur son lit ordinaire; c'était un matelas assez mince pour servir de selle quand il était plié; mais quand il était placé sur une terre un peu tendre, il formait un lit aussi commode que Belzoni pouvait le désirer. Le domestique, l'hadge et les conducteurs veillaient tour-à-tour, et le même plan fut adopté pendant tout le reste du voyage.

Alphonse : Qu'est-ce que c'est qu'un *hadge*, maman? c'est un bien drôle de nom.

Mme Julien : Il signifie pèlerin; tu dois te rappeler qu'il revenait de la Mecque. Le lendemain matin Belzoni repartit encore, et arriva bientôt à la Pyramide : il trouva qu'elle était bâtie en briques; qu'elle avait environ soixante pieds de hauteur, et qu'elle présentait, du sommet, une très-belle vue. Nos voyageurs continuèrent ensuite leur route le long des montagnes jusqu'à ce qu'ils arrivèrent auprès d'une autre Pyramide, environ de la même grandeur, mais entourée de tombeaux plus petits et des restes d'un magnifique temple égyptien. Tout le pays était très-fertile et couvert de roses et d'arbres fruitiers.

Emilie : Comment! est-ce qu'il y a des roses en Egypte? je ne savais pas cela auparavant.

Mme Julien : Cet endroit est célèbre pour la composition de l'eau de rose, qui se vend au Caire et dans tout le pays. Les grands s'en servent beaucoup, et en arrosent sans cesse leurs appartemens; ils en présentent aussi à tous les étrangers qui les visitent.

Alphonse : Je me rappelle maintenant, maman, que lorsque tu nous parlais des coutumes des Egyptiens, tu nous as dit qu'un esclave porte ordinairement un plat d'argent dans le quel des essences brûlent pour parfumer la barbe des visiteurs. Je pense qu'ils employaient l'eau de rose de la vallée qui se trouve auprès de Faioum.

Mme Julien : Le lendemain matin un soldat se joignit à eux pour leur servir de guide, et ils s'avancèrent vers le lac Méris, mais ils ne purent arriver cette nuit qu'à Senures, qui est un village à dix milles de là.

Emilie : Oh! comme il est commode d'avoir des cartes de Géographie! je puis maintenant très-bien suivre la route. Voici auprès du Nil Bénisœuf, où ils se procurèrent des bidets; voici la chaîne de montagnes et l'espace qui est entre elles et qui sert d'entrée dans la province de Faioum. Ils n'ont qu'à traverser cette province pour arriver à Birket-Keroum, ainsi que le lac s'appelle sur la carte. Les Pyramides elles-mêmes y sont marquées, et je crois presque reconnaître l'endroit où les rosiers fleurissent. Continue, ma chère maman.

Mme Julien : Ils quittèrent Senures le lendemain matin et continuèrent leur voyage. Après avoir traversé plusieurs bois de palmier, ils découvrirent tout-à-coup une contrée sauvage, descendant graduellement en pente jusqu'au bord du lac. L'eau s'étendait assez avant de chaque côté, et les montagnes voisines présentaient un aspect rude et stérile. Vers le milieu du jour, ils arrivèrent au lac, mais ils n'observaient nulle part, aucune trace d'être vivant. Le guide les conduisit le long du rivage jusqu'à ce qu'ils parvinrent à la cabane d'un pêcheur, située près de l'endroit où le canal décharge ses eaux dans le lac. La cabane était habitée par plusieurs pauvres pêcheurs, et le guide envoya l'un d'eux chercher un bateau, le seul qu'ils eussent, et dans l'état le plus misérable. Il était composé de gros morceaux de bois mal joints ensemble, et attachés par quatre autres morceaux, retenus eux-mêmes par quatre autres en travers qui formaient le pont du bateau. Il n'y avait ni goudron, ni poix en dedans ou en dehors; les seuls moyens qu'ils avaient imaginés pour empêcher l'eau d'entrer, étaient une espèce d'herbe marécageuse et humide, quils avaient placée dans les jointures du bois. Cependant il n'y avait pas d'alternative; Belzoni voulait traverser le lac, et il était bien obligé de se soumettre à ce qu'il ne pouvait empêcher; il entra dans le bateau et ils se dirigèrent à l'ouest. Vers l'approche du soir, les plantations et les bois disparaissaient par degré, le lac et les montagnes paraissaient seuls; et quand ils arrivèrent au rivage; le propriétaire du bateau qui les accompagnait comme pilote, alluma du feu, tandis que les autres allèrent pêcher avec un filet, et revinrent bientôt avec du poisson pour leur souper. L'endroit où ils étaient maintenant, avait été autrefois cultivé, car on voyait encore beaucoup de troncs de palmiers et d'autres arbres, et autour d'eux une immense quantité de vignes sauvages. Ce spectacle même n'était pas sans charmes. Le silence de la nuit, les rayons de la lune brillant sur la surface immobile du lac argenté; la solitude de cet endroit, le groupe de pêcheurr, leurs petits feux formaient ensemble un tableau dont Belzoni n'avait jamais encore été réellement témoin, quoique sa vive imagination le lui eût déjà mille fois représenté.

Le matin revint; ils entrèrent dans leur misérable bateau, qui les porta cependant en sûreté jusqu'au bout du lac où ils abordèrent et se dirigèrent vers le temple d'Haron, à trois milles environ de là, au milieu des ruines d'une ville ancienne, qui est entourée de fragmens de colonnes et de temples. Une partie de la ville est couverte de sable; d'un côté il y avait une espèce de grille d'entrée, et un peu plus loin une chapelle grecque élevée sur une plate-forme avec des caveaux au-dessous. Après avoir considéré pendant quelque temps le temple et la ville, Belzoni alla voir cette petite chapelle grecque, accompagné par les deux bateliers; et ne croyant pas qu'il y eut aucun danger à courir dans ce lieu, il laissa son fusil et ses pistolets dans le temple; mais il faillit payer cher cet oubli; car au moment même où il montait les petites marches qui conduisaient à la plate-forme de la chapelle, une grande hyène furieuse s'élança des appartemens inférieurs, s'arrêta à trois ou quatre pas de lui, jeta un cri terrible et se tourna tout-à-coup comme pour l'attaquer.

BERNARD : Oh! maman, il est perdu! perdu sans ressource!

Mme JULIEN : Non, mon ami, il n'est pas perdu, car il est maintenant à Londres. L'animal féroce parut changer son intention tout-à-coup; il poussa un nouveau cri et s'enfuit aussi vite qu'il put.

ALPHONSE : J'aurais bien voulu être là, je ne l'aurais pas laissé échapper ainsi; j'aurais tiré sur lui dans l'instant!

BERNARD : Mais tu sais que Belzoni n'avait pas de pistolets sur lui; pour ma part, je crois que c'est une aventure terrible; je n'aurais pas voulu être à sa place. Je parie bien qu'Achillas, lorsqu'il tua Pompée, eût été effrayé s'il avait entendu les hurlemens horribles de cet animal sauvage, quoiqu'il ne fît aucune attention aux gémissemens de Cornélie. Mais sais-tu, maman, ce qui empêcha l'hyène de se jeter sur Belzoni?

Mme JULIEN : Belzoni attribua sa fuite au bruit que firent les deux bateliers qui étaient auprès de lui dans ce moment.

Après avoir visité le temple et échappé à plusieurs autres dangers, il revint avec ses compagnons au bateau, et ils furent ramenés par un grand vent à l'endroit qu'ils avaient quitté le matin même. Ils ramassèrent beaucoup de bois, firent un grand feu, et passèrent la nuit sous une natte étendue sur deux bâtons plantés en terre.

Belzoni avait entendu dire que le labyrinthe était situé à l'ouest du lac Méris, et il employa plusieurs jours à faire les plus actives recherches de ce côté, dans l'espoir d'en trouver quelques restes encore; mais en vain, car il n'y avait nulle part la moindre apparence d'un édifice.

BERNARD : Qu'entends-tu par un labyrinthe, maman? Papa appelle notre nouveau jardin un labyrinthe, parce qu'il y a beaucoup de petits sentiers. Le labyrinthe que Belzoni voulait découvrir était-il semblable au nôtre?

Mme JULIEN : Non, ce n'était pas un jardin, mais un bâtiment célèbre, destiné, selon toutes les apparences, à être le Panthéon de tous les dieux égyptiens que l'on adorait dans les différentes provinces. Cet étonnant édifice ne contenait pas moins de trois mille chambres, dont quinze cents étaient sous terre et séparées des autres pour la sépulture des Rois ou le sanctuaire des crocodiles sacrés. Les passages étaient si nombreux et si compliqués; les portes et les entrées si multipliées, les galeries et les portiques si étendus, et presque tellement innombrables, que cet édifice méritait bien le nom de labyrinthe, qui signifie un endroit fermé de détours inextricables.

BERNARD : Oh! maman, l'excellent endroit pour jouer à *cache-cache!*

ALPHONSE : (riant). Tu aurais pu te cacher, Bernard, pendant long-temps, car il est probable que tu n'aurais pas pu te retrouver toi-même, encore moins être retrouvé par les autres.

Mme JULIEN : Belzoni ne réussit pas dans les efforts qu'il fit pour découvrir ce monument merveilleux; mais comme il n'avait jamais été très-élevé, puisque les appartemens inférieurs étaient sous terre, il pensa qu'il avait été probablement enseveli sous le limon qui est chaque année apporté en ces lieux par l'inondation du Nil. Il était persuadé qu'il était quelque part dans cet endroit; car la grande quantité de pierres, de colonnes, et d'autres monumens d'antiquité qui étaient dispersés de côté et d'autre, les uns sur la route, les autres dans les maisons des Arabes, et d'autres enfin employés dans la construction des cabanes; tout annonçait que quelque magnifique et superbe édifice était tombé en ruines.

Ayant abandonné l'entreprise comme inutile, notre voyageur infatigable se prépara à entrer dans l'Elloah, à l'ouest; il alla voir, en conséquence, Hussuff bey, pour lui demander un guide bédouin, afin de le conduire à travers le désert; mais il apprit de lui que les Bédouins étaient tous campés dans la partie de la province soumise à Khalil Bey.

Emilie : Je crois que notre vieil ami Khalil Bey demeurait à Esnè, et qu'il était gouverneur des provinces supérieures entre Esnè et Assouan.

Mme Julien : Il avait quitté Esnè, et demeurait maintenant à Benisœuf. Belzoni apprit que les Bédouins étaient campés à dix milles de là; il partit aussitôt, espérant obtenir d'eux quelqu'information sur l'Elloah qui est situé à l'ouest; aucun d'eux cependant ne connaissait ce pays; mais ils lui dirent qu'un de leurs scheiks, qui campait un peu plus loin, avait une fille mariée à l'un des scheiks d'Elloah. Belzoni espérait persuader au scheik de l'accompagner dans son voyage. Il resta toute la nuit au camp, et repartit pour le Nil le lendemain matin. Il traversa un grand nombre de bosquets de roses, qui répandent partout une odeur délicieuse; il trouva aussi beaucoup de plantes de coton; et les figues sont si communes, que les habitans de ce pays les font sécher au soleil pour les envoyer au Caire. Il arriva vers la nuit sur les bords du Nil.

Bernard : Et je suis sûr qu'il détacha sa selle, et se reposa encore sur la terre?

Mme Julien : Oui, et il dormit aussi profondément que tu dors sur un lit de duvet; il s'était tellement habitué aux fatigues et aux désagrémens des voyages, qu'il n'y pensait presque plus. Il continua sa route le lendemain, et alla voir Khalil Bey, qui commandait alors. Khalil Bey fut aussi poli avec lui qu'il l'avait été auparavant, et l'assura qu'il lui rendrait tous les services qui seraient en son pouvoir. Belzoni lui dit qu'il désirait pénétrer dans le désert à l'ouest; Khalil Bey donna aussitôt les ordres nécessaires: il envoya chercher le scheik ou chef des Bédouins. Mais le scheik ne se montra pas aussi empressé que Khalil, et n'arriva que deux ou trois jours après; quand il arriva enfin, il assura Belzoni qu'il ne pouvait pas lui montrer le chemin de l'endroit qu'il désirait visiter. Le bey ordonna au scheik de chercher dans son camp quelqu'un qui connût la route, ce qu'il promit de faire; et il fut convenu que Belzoni trouverait, à un petit village à l'entrée du désert, le scheik Grumar, qui le conduirait de là à l'Elloah.

EMILIE : Ce village ne s'appelle-t-il pas Sedmin-el-Djabel? Je viens d'apercevoir ce nom-là sur ma carte.

Mme JULIEN : Oui, ma chère amie; c'est là qu'étaient campés les Bédouins, et avec eux le scheik Grumar : c'était un homme fort et robuste, de près de six pieds, avec une figure sévère, qui annonçait un esprit déterminé et une espèce d'autorité sur les autres qu'il considérait comme au-dessous de lui.

ALPHONSE : Quel air sauvage et farouche! C'est bien là ce qu'il faut pour un scheik!

BERNARD : Oh! dis-nous un peu, maman, ce que c'est que les Bédouins; raconte-nous quelque chose de leur histoire.

Mme JULIEN : Très-volontiers. C'est une tribu d'Arabes qui mènent une vie errante, sans habitation fixe, mais entièrement différente de celle que mènent la plupart des Arabes en Egypte. Ils se divisent en un grand nombre de tribus, et ils se distinguent les uns des autres par les noms de leurs chefs. Chaque tribu compose une espèce de village, et chaque famille porte avec elle une tente et une cabane qui lui appartient. Leurs tentes se composent de quatre perches, qu'ils fixent dans la terre, et qui ont environ une toise de hauteur; ils y attachent un de leurs chars, pour servir de couverture avec un autre derrière, et ils forment ainsi une espèce d'abri contre le soleil, le vent et la rosée. Ils campent ordinairement dans un lieu fertile, mais toujours aux pieds des montagnes qui avoisinent les déserts.

ALPHONSE : C'est un excellent plan, parce qu'alors, en cas de surprise, ils peuvent se retirer aussitôt dans leur pays natal.

Mme JULIEN : Les hommes portent ordinairement une espèce de bouracan, d'un brun foncé, qui les couvre depuis les pieds jusqu'à la tête. Les femmes portent également un étoffe de laine très-épaisse, qu'elles enveloppent autour d'elles avec élégance.

BERNARD : Un bouracan! Quest-ce que cela, maman?

Mme JULIEN : C'est une espèce de grosse étoffe de laine, dont le travail forme la principale occupation des Arabes. Ce travail est fait par des femmes, qui n'employent pas de navettes, mais conduisent chaque fil avec leurs doigts, et ensuite avec une machine qu'elles ont dans la main, à-peu-près comme un peigne de bois. Elles rabattent chaque fil à mesure qu'elle le posent sur l'ouvrage.

Emilie : Les habitans de Mainakly n'employent pas non plus de navettes, et je parie bien qu'il n'ont jamais entendu parler d'un tel objet; car ils ne voudraient pas se priver de tous ses avantages, s'ils le connaissaient.

Quelles sont les autres occupations des Bédouins, maman?

Mme Julien : Les garçons et les jeunes filles veillent sur les troupeaux; le mari s'occupe à cultiver la terre, la femme à moudre le blé, à travailler à son métier, ou à préparer le repas. L'intérieur de leurs tentes n'est pas très-somptueux; elles sont ordinairement élevées sur le sable qui leur sert de parquet pour leurs appartemens.

Alphonse : Alors, quand l'un d'eux veut se lever de ce parquet, avec son grand bouracan qui flotte de tous les côtés, il doit faire voler un nuage de poussière assez épais pour aveugler toute la famille.

Mme Julien : Quand les Bédouins veulent converser entre eux, ils ne s'asseyent pas comme nous, à leur aise et sans cérémonie sur des chaises ou sur des sophas; mais ils se placent en cercle sur la terre. Celui qui parle le premier, se fait d'abord une place aussi commode qu'il lui est possible sur le sable, et continue la conversation avec ses doigts, en faisant les gestes et en traçant les caractères nécessaires. Quand ils se rencontrent, ils se disent toujours : *salem ali eke*, *la paix soit avec vous*, en posant en même temps, la main droite sur le cœur.

Emilie : Eh bien! j'aimerais encore mieux être un Bédouin errant, que l'un de ces indépendans Ababdé!

Mme Julien : Revenons maintenant à Belzoni.

Alphonse : Oh oui, maman! il venait d'arriver au camp des Bédouins, et c'est cela qui nous a fait désirer de connaître un peu ces habitans; je me rappelle que le fier scheik Gimmar se préparait à l'accompagner à travers le désert.

Mme Julien : Ils prirent des chameaux à la place de leurs bidets, et, s'avançant toujours à l'ouest, ils traversèrent plusieurs vallées couvertes de rochers, et couchèrent la première nuit auprès d'un banc de sable ; la seconde nuit, le feuillage de quelques palmiers leur présenta un abri ; et le matin reprenant leur route, ils parvinrent à une grande plaine couverte de sable, de pierres et de plusieurs tas de décombres qui s'élevaient au-dessus des autres. Mais ce n'était que de petites éminences, et l'on ne voyait encore rien du temple de Jupiter Ammon. Vers le milieu du jour, ils aperçurent de loin une haute montagne, et bientôt après, le guide leur montra du doigt les rochers d'*Elloah*. Vers le soir, ils aperçurent avec une grande joie deux corbeaux.

Bernard : Deux corbeaux ! qu'y a-t-il d'extraordinaire? Nous voyons beaucoup de corbeaux tous les jours dans nos bois.

Mme Julien : Si tu avais été à la place de Belzoni, tu aurais été aussi content que lui, car l'apparition de ces oiseaux était un signe certain que l'eau n'était pas éloignée, et c'est toujours une grande joie pour le voyageur qui traverse un désert brûlant de sable.

Emilie : Tu nous as parlé d'*Elloah* plusieurs fois. Qu'est-ce que Elloah?

Mme Julien : C'est une vallée entourée de rochers élevés, qui forment une plaine immense de douze milles de long, presque toute couverte de sable ; quelques petites collines chargées de toutes sortes de plantes s'élèvent, çà et là, et l'on croyait que le temple que Belzoni recherchait, devait avoir été dans cet endroit ou auprès. Nos voyageurs s'avancèrent vers une forêt d'arbres de dattes, assez près d'un village appelé *Zabou*, et ils étaient tous excessivement altérés. Avant d'arriver, les chameaux sentirent l'eau à quelque distance, et partirent au grand galop, sans s'arrêter un seul moment, jusqu'à ce qu'ils parvinrent à un petit ruisseau, où nos voyageurs s'arrêtèrent quelque temps pour laisser boire les chameaux, et Belzoni observa sur la figure et dans les manières du scheik Grumar, un certain embarras, dont il ne pouvait se rendre compte.

Alphonse : Si c'eût été un Arabe de Gournou, j'aurais pensé que quelque mauvais dessein lui était entré dans la tête; mais c'était un honnête Bédouin : je désire bien apprendre ce qui le fit se conduire ainsi. Continue, maman, je t'en prie.

Mme JULIEN : Belzoni descendit un peu plus loin le long de ce petit ruisseau pour boire aussi, et après avoir donné aux chameaux quelques instans de repos, il se préparait à repartir tranquillement pour arriver au village, mais ils ne furent pas plutôt remontés sur leur chameaux, qu'ils entendirent quelqu'un criant après eux, et au même moment, un homme s'élança des buissons avec un fusil à la main, et semblait vouloir tirer sur eux.

ALPHONSE : Oh! certainement, ce ne peut-être que quelque trahison de la part du Scheick Grumar! Mais qui était donc cet homme?

Mme JULIEN : Son extérieur n'avait rien de bien terrible, et ses habits n'annonçaient pas un personnage bien important; il n'avait pas plus de quatre pieds : son teint était un peu sombre comme l'est ordinairement celui des Bédouins, et il était couvert d'un étoffe de laine noire. Le Scheick descendit aussitôt de son chameau, et lui parla en arabe. Cet homme le reconnut, et Belzoni vit avec plaisir qu'ils paraissaient converser amicalement. Cet homme désirait beaucoup savoir quels étaient ceux qui composaient cette petite troupe : le guide lui dit que c'étaient des gens qui venaient chercher des vieux monumens : il répondit que personne n'était jamais venu dans ces lieux chercher des monumens antiques, et que pour sa part, il ne savait pas ce qu'en penseraient les Scheiks de Zabou; c'était le village auquel la petite troupe se disposait d'aller; il lui avoua aussi qu'il avait eu l'intention de tirer sur Belzoni, lorsqu'il l'avait vu se mettre à genou pour boire à la source.

ALPHONSE. : Comme Belzoni l'a échappé de peu! Le Scheick Grumar lui fut très-utile, car tu vois, maman, que si ce petit homme mystérieux ne l'avait pas reconnu, il aurait pu exécuter son affreux dessein.

Mme JULIEN : Ils continuèrent leur route vers Zabou, et cet inconnu se mit à marcher devant eux; mais quand ils furent près d'arriver au village, il se sauva aussi vite qu'il put dans un bois de palmiers.

Nos voyageurs entrèrent alors dans une vallée qui formait un agréable contraste avec le désert stérile qu'ils venaient de passer ; car elle était couverte de dattes et de palmiers, les uns en fleur, et les autres chargés de fruits ; les abricots remplissaient l'air d'une odeur délicieuse ; les figues, les amandes, les raisins croissaient partout en abondance ; la terre était brillante de verdure, et on voyait çà et là des endroits couverts de riz déjà mûr ; ils arrivèrent à une grande place, où le guide fit arrêter la troupe, et leur dit d'attendre son retour ; il les quitta aussitôt, et Belzoni s'aperçut qu'il entrait dans une espèce d'habitation à quelque distance.

Alphonse : Je sais bien que si j'avais été Belzoni, je n'aurais pas attendu, dans cet endroit, le bon plaisir du scheick Grumar.

Mme Julien : Le pauvre scheick, il paraît, n'est pas de tes amis ; peut-être que tout-à-l'heure tu changeras d'opinion sur son compte.

Une demi-heure se passa sans qu'il revînt : Belzoni demanda au conducteur des chameaux où le guide était allé ; il répondit qu'il n'en savait rien. Une autre heure se passa et le scheick ne paraissait point encore ; enfin, Belzoni, las d'attendre, alla avec son fusil vers l'endroit où il avait vu entrer le guide ; mais, avant d'arriver à cet endroit, il entendit des voix d'hommes, de femmes et d'enfans ; et, en approchant encore, il aperçut une muraille qui entourait un grand nombre de maisons ; au-dedans des grilles il y avait une cour dans laquelle étaient assemblées tous les chefs des villages et beaucoup d'autres, discutant si les étrangers devaient ou ne devaient pas être admis, tandis que le guide était très-occupé à leur persuader que c'étaient des gens sans aucune mauvaise intention, et qu'ils venaient seulement chercher, en ces lieux, des monumens de l'antiquité.

Alphonse : Mon opinion est tout-à fait changée, maman. Je n'aimais pas d'abord beaucoup la conduite du scheick, mais il paraît qu'il n'avait quitté Belzoni que pour prévenir en sa faveur les habitans de Zabou, et qu'après tout, c'était un honnête homme. Je tâcherai, une autre fois, de ne pas porter des jugemens aussi précipités.

Mme Julien : Oui, mon ami, tâche de tenir ta résolution ; car il n'est pas sage de porter un jugement défavorable d'une personne sur de trop légers fondemens.

Lorsque Belzoni arriva, leur attention se tourna vers lui, et il régna partout un profond silence. Il marcha droit vers eux ; au même instant, ils se levèrent tous sans dire un seul mot, et le regardèrent avec étonnement. Il demanda où était leur scheick, et son guide lui montra du doigt trois ou quatre vieillards en lui disant qu'ils étaient les scheick de l'endroit. Belzoni leur donna une poignée de main en signe d'amitié, et quelques-uns d'eux les reçurent avec cordialité et d'autres s'en allèrent en murmurant. Ils lui demandèrent enfin ce qu'il voulait. Il leur dit qu'il était étranger et qu'il n'était venu que pour visiter cet endroit, parce qu'il espérait y trouver quelques pierres appartenant à ses ancêtres, et qu'il comptait sur leur amitié. En même temps il envoya son guide chercher les chameaux, et quand ils arrivèrent, il fit préparer du café. Un beau tapis fut étendu par terre, et ils devinrent plus sociables par degrés : bientôt après, tout le reste du village fut assemblé ; les vaches, les chameaux, les moutons, les hommes, les femmes et les enfans, tous semblaient le regarder avec étonnement.

Emilie : Probablement que ces hommes n'avaient jamais vu de *Francs* auparavant.

Mme Julien : Ils connaissaient bien les Turcs et les autres tribus des Arabes, mais il n'avaient jamais encore vu de chrétiens. Ils dirent à Belzoni qu'il ne pouvait rien voir dans ces lieux, et qu'il fallait qu'il allât autre part. Il paraît qu'ils n'aimaient pas à le voir chercher des pierres et qu'ils soupçonnaient sa bonne foi. Cependant ils lui présentèrent un grand bol de riz pour son souper, et il alluma une bougie de cire, ce qui les surprit très-fort, parce qu'ils n'avaient jamais vu de bougie auparavant ; mais Belzoni eût bientôt lieu de s'étonner lui-même de leur conduite ; car, sans dire un seul mot, ils se levèrent tous et sortirent en emportant avec eux la lumière et le laissant dans l'obscurité, avec son tapis et sa selle pour se coucher. Cette circonstance, cependant, ne troubla pas son repos, et le lendemain matin, après quelques difficultés, et leur avoir bien assuré qu'il venait chercher des pierres et non des trésors, il entra dans un bois épais de palmiers, et traversa beaucoup de plaines sablonneuses, des déserts arides, des édifices ruinés et des villes antiques; mais il ne voyait nulle part le temple de Jupiter-Ammon, et il revint à Zabou presque désespéré.

EMILIE : Alla-t-il de là au Nil, maman ?

Mme JULIEN : Non, pas immédiatement.

Les habitans du village d'El-Cassar, qui est séparé de Zabou par un gros rocher, venaient d'apprendre qu'un étranger était arrivé pour chercher un trésor dans leur pays. Ils furent tout aussitôt en rumeur, et jurèrent qu'il n'entrerait jamais dans leur village.

BERNARD : Quel contre-temps ! que fit alors Belzoni?

Mme JULIEN : Un homme qui demeurait à moitié chemin entre les deux villages, et rapportait ordinairement ce qui se passait dans l'un et dans l'autre, vint trouver Belzoni et lui dit qu'il y avait un très-grand temple dans l'autre village : cette nouvelle excita sa curiosité; il dit à l'homme de porter un message de sa part au scheick et au cadi, et de leur dire qu'il était venu à Elloah pour les voir; et que s'ils voulaient lui faire l'honneur de lui désigner un endroit où il pourrait les rencontrer le lendemain matin, il s'empresserait de s'y rendre. Il retourna alors au village, et l'homme à son habitation, à côté du rocher.

EMILIE : J'espère que le scheick et le cadi d'El-Cassar furent contens du message de Belzoni, et lui firent une bonne réception.

Mme JULIEN : Le lendemain matin, notre ami fut informé que ces deux grands personnages se dirigeaient vers Zabou. Il regarda ceci comme une nouvelle favorable et se hâta d'aller à leur rencontre. Le scheick d'Elloah vint d'abord; c'était un homme d'un air aimable; il était alors à cheval, revêtu d'un habillement rouge et rayé, et armé de pistolets et d'un fusil : quant au cadi (cadi signifie juge de paix) c'était un homme d'un air dur et sévère, revêtu d'un habillement vert et d'un turban, et armé comme son compagnon. Après ces deux grands personnages, venaient environ vingt cavaliers et autant de fantassins, tous bien armés. Lorsqu'ils furent arrivés au village, ils descendirent de leurs chevaux; des nattes furent apportées, les chefs s'assirent tandis que leur suite se tenait debout autour d'eux. Belzoni leur présenta le salut ordinaire : *Salem ali eke*, et ils lui dirent de s'asseoir à côté d'eux. Ils étaient très-curieux de savoir ce qui l'avait amené dans ces lieux, ils l'accablèrent de questions et il fut long-temps avant de pouvoir les convaincre que la recherche des antiquités était son seul motif. A la fin cependant, Belzoni obtint ce qu'il voulait, c'est-à-dire la permission d'entrer dans leur village. Après avoir fait un repas de café, les chefs repartirent, et notre antiquaire se prépara aussitôt à les suivre; il commença son voyage avant le coucher du soleil, passa sur les bords sablonneux qui se trouvent à l'ouest du village, traversa la plaine, monta sur les rochers qui séparent les deux villages, et parvint à El-Cassar le soir du même jour. Il fut reçu par le scheick, qui avait pris beaucoup d'amitié pour lui, avec une hospitalité toute particulière et qui le pria de coucher dans sa maison, et lui envoya un grand bol de riz pour son souper. Belzoni accepta donc son invitation, quoique peut-être il ne dormit pas mieux sur la natte du scheick, qu'il ne l'avait souvent fait sur le sable ou sur un lit de cannes de sucre.

Emilie : Quelle espèce de maison avait le scheick, maman?

Mme Julien : Elle était semblable à celle des autres, étant faite également de limon; quelques poutres de palmier, mises en travers, formaient le toit, sur le haut duquel on avait jeté une grande quantité de paille, avec de vieilles nattes par-dessus. Ils conversèrent long-temps ensemble, et le scheick dit en confidence à Belzoni, que c'était le père du cadi qui s'était si fort opposé à ce qu'il visitât les ruines de leur village.

Le lendemain matin, une longue consultation eut lieu pour savoir si on lui permettrait de les examiner ou non : enfin il fut décidé que le vieillard l'accompagnerait lui-même, et ils partirent ensemble. Quand ils arrivèrent à l'endroit désigné, Belzoni fut très-content d'observer un grand nombre de fragmens et de ruines, qui annonçaient qu'il y avait eu évidemment, dans cette place, quelque magnifique édifice, et quoiqu'il n'en restât que très-peu, il s'en retourna plein de joie, et assuré d'avoir découvert la situation du temple célèbre de Jupiter Ammon.

BERNARD : Je suis bien content qu'il ait réussi, et je crois que l'homme qui vivait sur les rochers méritait ses plus grands remercîmens. Retourna-t-il à Zabou ?

Mme JULIEN : Oui : il témoigna toute sa reconnaissance au vieillard qui l'avait conduit aux ruines ; il fit plusieurs présens de corail, de savon et de café, au cadi et au généreux scheick, et il partit en très-bonne intelligence avec tous les habitans du village d'El Cassar. Un malheureux accident lui arriva en montant le rocher, sur la route de Zabou.

BERNARD : Comment cela, maman ?

Mme JULIEN : Son chameau glissa et roula en bas du rocher, à la hauteur de plus de vingt pieds, entraînant naturellement Belzoni dans sa chute.

ALPHONSE : Belzoni fut-il bien blessé, maman ?

Mme JULIEN : Oui, mon ami, on fut obligé de le transporter sur un âne jusqu'à Zabou, et là on le conduisit dans la maison du scheick, où il fut placé dans un étroit passage qui conduisait de la porte de la rue à une cour derrière la maison. Sa selle, comme à l'ordinaire, formait son seul lit. C'était un endroit bien incommode pour un homme dans sa position, car les hommes, les femmes, les enfans, les buffles, les chiens et les chèvres, passaient et repassaient continuellement devant lui, sans y faire la moindre attention.

BERNARD : J'aurais bien voulu pouvoir lui donner mon lit. Mais fut-il long-temps avant d'être en état de quitter ce petit passage désagréable ?

Mme JULIEN : Au bout de quelques jours, quoique son côté le fit souffrir encore, il se remit en route, et arriva, à petites journées, dans l'espace d'une semaine, dans la vallée du Nil, appelée Bahr-Yousef, qu'il a déjà traversée une fois, si vous vous le rappelez : le soir du même jour il arriva à *Sedmin*.

Emilie : A *Sedmin-el-Djabel*, au pied de cette chaîne de petites montagnes qui bordent le désert, et où il avait trouvé le scheick Grumar pour lui servir de guide : alors il n'est pas loin de Benisœuf, et quand il y arrivera, je suis sûre que son vieil ami Khalil-Bey aura soin de lui, et sera aussi très-content de le revoir.

Mme Julien : Ils arrivèrent à Benisœuf le jour suivant. Belzoni cependant ne resta pas long-temps dans cet endroit, mais il s'embarqua pour le Caire, et de-là s'avança vers Rosetta.

Emilie : Mme Belzoni s'y trouvait aussi, elle prendra plus de soin de lui que tout autre ne pourrait le faire.

Mme Julien : Enfin, ayant terminé toutes ses affaires en Egypte, en 1819, notre infatigable voyageur s'embarqua pour revoir l'Europe. Après une absence de vingt années, il revint dans son pays natal et au sein de sa famille; de-là il partit pour retourner en Angleterre, et je crois que nous lui devons beaucoup de remercîmens pour le plaisir et l'instruction que ses recherches nous ont procurés.

Bernard : Ah! le voilà donc enfin revenu en Angleterre! Et d'après ses aventures, je vois, maman, que la persévérance nous met en état d'exécuter les plus grandes entreprises!

Emilie : Et moi, maman, je suis bien contente que tu aies prouvé si clairement la vérité de ta maxime, que *la patience triomphe de tous les obstacles*, et fait toujours réussir nos efforts.

Alphonse : Belzoni n'était qu'un enfant quand il s'appliqua d'abord à la science hydraulique, autrement il ne serait peut-être jamais allé en Egypte ; car tu sais, maman, qu'il y alla surtout dans l'espérance de convaincre le pacha qu'une machine hydraulique serait infiniment utile pour arroser ses campagnes. Sans cela, la grande Pyramide serait restée peut-être mille ans encore sans être ouverte ; le tombeau de Psammuthis, dans la vallée de Beban-el-Malook, n'aurait peut-être jamais été connu ; et pour nous, nous n'aurions jamais entendu cette histoire amusante des découvertes de Belzoni en Egypte et en Nubie. Je sens bien maintenant la nécessité de travailler pendant la jeunesse.

Mme Julien : Tu as raison, mon fils, nos premières années sont les plus importantes de notre vie.

FIN.